BOURBONNE

ET

SES EAUX MINÉRALES

TOPOGRAPHIE. — HISTOIRE. — PROPRIÉTÉS DES EAUX.
HYGIÈNE DES MALADES. — INDICATIONS ET CONDUITE DU TRAITEMENT
PROMENADES. — RENSEIGNEMENTS.

PAR LE DOCTEUR

AUGUSTE CAUSARD

Médecin consultant à Bourbonne-les-Bains,
attaché au personnel de santé de l'hôpital militaire, médecin de l'hôpital civil,
membre correspondant de la société d'hydrologie de Paris.

AVEC UNE CARTE

PARIS

LIBRAIRIE J. B. BAILLIÈRE & FILS, ÉDITEURS
19, Rue Hautefeuille, 19

DUFEY, LIBRAIRE A BOURBONNE

1870

BOURBONNE

ET

SES EAUX MINÉRALES

OUVRAGES DU MÊME AUTEUR

Essai sur la paralysie, suite de contusion des nerfs. Thèse inaugurale. Paris, 1861.

Cure thermale à l'hôpital militaire de Bourbonne. Strasbourg, 1864.

De l'électricité employée concurremment avec les eaux de Bourbonne. Strasbourg, 1865.

Ces deux dernières publications, ont paru dans la *Revue d'hydrologie*, avant d'être réunies en brochures.

Chaumont. — Typographie de C. Cavaniol, rue de Crès, 1.

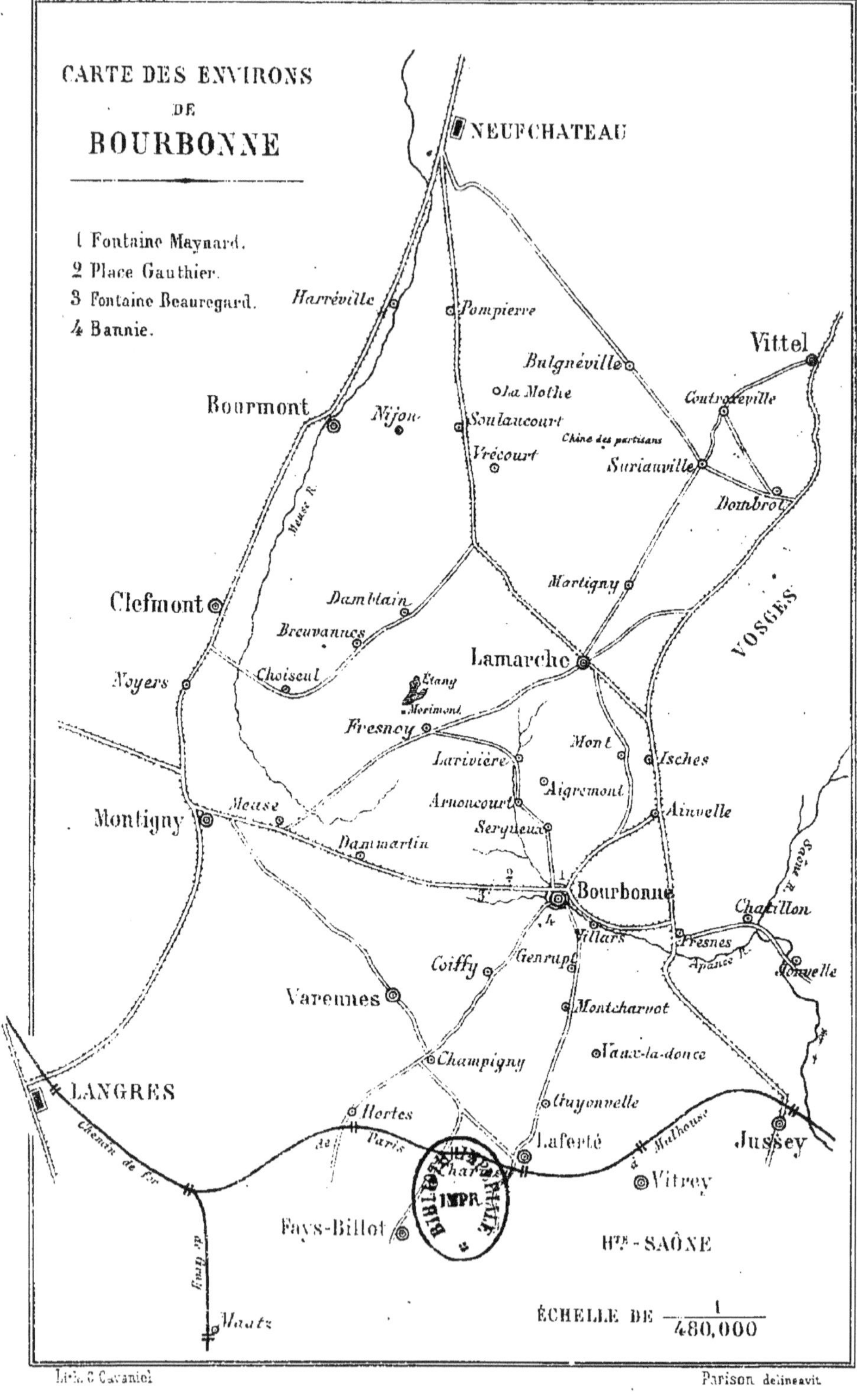
CARTE DES ENVIRONS
DE
BOURBONNE
1 Fontaine Maynard.
2 Place Gauthier.
3 Fontaine Beauregard.
4 Bannie.
NEUFCHATEAU
Harréville
Pompierre
Vittel
Bulgnéville
La Mothe
Contrexéville
Bourmont
Nijon
Soulaucourt
Vrécourt
Suriauville
Dombrot
Meuse R.
Martigny
VOSGES
Clefmont
Damblain
Breuvannes
Lamarche
Noyers
Choiseul
Etang
Morimont
Fresnoy
Mont
Isches
Larivière
Aigremont
Montigny
Meuse
Arnoncourt
Ainvelle
Serqueux
Dammartin
Bourbonne
Chatillon
Saône R.
Villars
Fresnes
Apance R.
Coiffy
Genrupt
Jonvelle
Varennes
Montcharvot
Vaux-la-douce
Champigny
LANGRES
Hortes
Guyonnelle
Chemin de fer
de
Paris
Laferté
à Mulhouse
Jussey
Vitrey
Fays-Billot
Hte-SAÔNE
ÉCHELLE DE 1/480,000
Maatz
Lith. C. Cavaniol
Parison delineavit

BOURBONNE

ET

SES EAUX MINÉRALES

TOPOGRAPHIE. — HISTOIRE. — PROPRIÉTÉS DES EAUX.
HYGIÈNE DES MALADES. — INDICATIONS ET CONDUITE DU TRAITEMENT
PROMENADES. — RENSEIGNEMENTS.

PAR LE DOCTEUR

AUGUSTE CAUSARD

Médecin consultant à Bourbonne-les-Bains,
attaché au personnel de santé de l'hôpital militaire, médecin de l'hôpital civil,
membre correspondant de la société d'hydrologie de Paris.

AVEC UNE CARTE

PARIS
LIBRAIRIE **J. B. BAILLIÈRE & FILS**, ÉDITEURS
19, Rue Hautefeuille, 19
DUFEY, LIBRAIRE A **BOURBONNE**

1870

AVANT-PROPOS

Je suppose volontiers chez les autres les goûts et les habitudes que je me reconnais à moi-même. Cette idée vraie ou fausse m'a conduit à écrire ce livre. Voici comment :

Quand je voyage et que j'arrive dans une localité où je dois séjourner plusieurs jours, mon premier soin est de m'informer d'un libraire et de choisir le guide qui me semble le plus capable de me renseigner sur les curiosités, l'histoire, et, en un mot, sur tout ce qui est intéressant à voir ou à connaître dans le pays où je me trouve.

A Bourbonne un tel ouvrage existe-t-il? Je ne le crois pas.

Les publications faites ces précédentes années me semblent incomplètes ou inspirées par des doctrines vieillies, les meilleures sont épuisées depuis longtemps et leurs auteurs ne semblent pas pressés de les renouveler.

M. Renard élève patiemment un monument scientifique digne de lui et de nos eaux ; le jour où ce travail paraîtra, le mien n'aura plus de raison d'être, et j'en ferai volontiers le sacrifice.

La tâche que je me suis imposée en écrivant ces pages m'a été singulièrement facilitée par les conseils de MM. Renard et de Finance. Notre excellent inspecteur a toujours été prêt à répondre à mes questions ; il a constamment encouragé mes recherches, qu'il me permette de le remercier ici.

C'est à l'hôpital militaire que j'ai appris la plus grande partie du peu que je sais. Dans les six années que j'y ai passé, la bienveillance de M. de Finance, son appui, quand surgirent certaines difficultés, ne m'ont jamais fait défaut, je suis heureux de lui exprimer toute la reconnaissance dont je lui suis redevable.

Les ouvrages où j'ai puisé le plus largement sont : la *Bibliographie* de M. Bougard, les *Sources thermales* de M. Drouot, la *Haute-Marne* de M. Jolibois. Je serais injuste si je ne mentionnais pas aussi les publications de MM. Cabrol, Tamisier et Emile Renard.

J'ai cru devoir placer en tête de ce livre quelques considérations générales sur les eaux minérales. Je pense qu'on me saura gré d'avoir en peu de mots donné les noms des principales sources connues et leur spécialisation thérapeutique. Je suis de ceux qui croient que l'étude du tout doit précéder l'étude de la partie et qu'il est impossible, par exemple, de bien connaître la plus infime des plantes, si on ne possède pas des notions générales de botanique.

Dans la première partie de ce volume, j'ai résumé brièvement l'histoire, la topographie, la climatologie de la ville de Bourbonne ; j'ai fait ensuite connaître au lecteur tout ce qu'il est utile de savoir relativement aux établissements thermaux et aux sources minérales.

La deuxième partie est intitulée : *Propriétés physiques, physiologiques* et *thérapeutiques des eaux.* J'ai cherché, ici comme partout ailleurs, à mettre à la portée des personnes, même les plus étrangères à la médecine, les connaissances hydrologiques courantes. Mais que le valétudinaire ne se croie pas capable, après avoir lu la deuxième et la troisième partie de ce livre, de diriger le traitement minéral qui lui convient ; il pourrait en agissant de la sorte se tromper lourdement, et payer cher les erreurs qu'il aurait commises ;

car, comme le dit excellemment Tibault : « il est besoin d'un homme sçavant et expert pour régler le traitement et pour prendre garde si en la pratique des eaux et des bains, en voulant soulager une partie on ne nuira point aux autres ; comme par exemple si ayant dessein de fortifier l'estomach par la boisson des eaux, on ne nuira point au foye ou à la ratte. »

Après le mode d'administration des eaux, j'ai consacré un court chapitre à l'hygiène des baigneurs, un très-long ensuite au traitement spécial applicable à chaque maladie. J'ai dû entrer dans de grands détails quand je suis arrivé aux affections sur lesquelles on avait jusqu'ici, à mon sens, passé trop légèrement. Je citerai entre autres le lymphatisme, les affaiblissements organiques et les empoisonnements constitutionnels.

J'ai ajouté en forme d'appendice le résumé de mes études sur le traitement électrique. Les personnes qui ont lu mes précédentes publications comprendront tout l'intérêt que m'a présenté la rédaction de ce chapitre spécial. Je termine enfin par des renseignements indispensables sur notre pays et ses environs.

Que mon livre soit utile, qu'il trouve un bienveillant accueil ; que tous, malades et bien portants, éprouvent à le lire autant de plaisir que j'en ai eu moi-même à l'écrire, et le but que je me suis proposé sera atteint.

A. CAUSARD.

Bourbonne, 1er mars 1870.

CONSIDÉRATIONS GÉNÉRALES

SUR LES EAUX MINÉRALES

DÉFINITION ET DIVISION

DES EAUX MINÉRALES

Les malades font le plus souvent usage des eaux minérales à tort et à travers, sans savoir pourquoi ils se trouvent plutôt à Bourbonne qu'à Baréges, à Dieppe qu'à Vichy. Les stations où ils se rendent sont cependant fort intéressantes à étudier, et bien certainement la cure serait mieux assurée, si celui qui doit en profiter, pouvait apprécier les raisons qui ont déterminé le choix de son médecin pour telles ou telles eaux, et ce qu'il peut espérer de leur application.

Définition. — On donne le nom d'eaux minérales à des eaux qui, grâce à leur température ou à leur composition, sont ou peuvent être employées à l'amélioration ou à la guérison de maladies déterminées.

Division. — Rien n'est difficile comme de faire une bonne classification des eaux minérales. En effet plusieurs stations possèdent des sources de diverses natures, d'autres des principes minéralisateurs complexes, pouvant rentrer dans des groupes différents. Il existe dans l'est de la France un village où, grâce à l'élasticité des classifications, on a pu *créer* cinq ou six sources pourvues de propriétés particulières; toutes les maladies connues trouvent dans cet heureux pays les eaux qui leur conviennent.

Il faut tenir compte, pour aboutir à une division satisfaisante des eaux minérales, de la prédominance de l'élément minéralisateur efficace. Les eaux de Baréges, par exemple, contiennent 0,03 centigrammes de chlorure de sodium par litre et 0,015 milligrammes de sulfure de sodium, on les a rangées néanmoins parmi les sulfurées, et on a bien fait.

Les auteurs du *Dictionnaire général des Eaux minérales* ont établi la division suivante, que je conserve en transportant toutefois quelques stations d'une classe dans une autre; je crois, par exemple, qu'Uriage est mieux placé dans les eaux sulfureuses que dans les eaux chlorurées.

1° Eaux sulfurées;
2° — chlorurées;
3° — bi-carbonatées;
4° — sulfatées;
5° — ferrugineuses.

Les eaux gazeuses représentées en France par Pougues et Condillac, en Allemagne par Seltz, ne sont qu'une sous-division des eaux alcalines. Les eaux bromo-iodurées une sous-division des eaux chlorurées.

1° Eaux sulfurées.

PROPRIÉTÉS. — Les eaux sulfureuses sont minéralisées par un sulfure alcalin, le sulfure de sodium en général. Elles sont naturelles quand elles ont leur origine dans les terrains primitifs, d'où elles viennent toutes formées, elles sont alors stables et chaudes. Elles sont accidentelles quand elles émergent des terrains secondaires, d'où elles sortent froides et altérables par la chaleur.

L'odeur des eaux sulfureuses est particulièrement

désagréable, elle rappelle l'œuf en décomposition ; leur toucher est onctueux et leur saveur nauséeuse. Elles s'administrent à l'intérieur en boisson ; à l'extérieur, en bains, douches, lotions, injections, gargarismes. Sous l'influence des eaux sulfureuses se produit une excitation générale des organes de la digestion, de la respiration, de la circulation et du système nerveux. L'appétit augmente, le pouls ainsi que la respiration s'accélèrent, il n'est pas rare de voir de l'agitation nerveuse et même de l'insomnie ; une transpiration abondante se manifeste à la peau et quelquefois des éruptions vésiculeuses légères, en un mot il y a surabondance de vie dans tout l'organisme, d'où dépuration et rénovation des tissus.

INDICATIONS. — L'excitation des organes étant la propriété dominante des eaux sulfureuses, il importe de ne les employer que dans les maladies chroniques, affectant tout ou partie de l'économie. Elles sont spécialement indiquées dans les :

1° *Maladies de la peau.* Eczéma chronique. Pityriasis. Prurigo. Lichen. Acné invétérée. Elephantiasis.

2° *Maladies des muqueuses et du poumon.* Catarrhe bronchique et de la vessie. Laryngite et bronchite chroniques. Phthisie. Pharyngite. Leucorrhée. Aménorrhée. Dysménorrhée.

3° *Maladies du système nerveux.* Paralysies et névralgies. Névroses. Dans cet ordre et le suivant les eaux salines fortes sont plus efficaces.

4° *Maladies rhumatismales. Scrofules. Syphilis. Lésions chirurgicales chroniques.* (Luxations, fractures, entorses, fistules, etc.)

Principales stations et spécialisation. — Les scrofuleux, les malades atteints de carie, tumeur blanche, vont surtout à *Baréges.* Certaines maladies catarrhales des organes respiratoires : laryngite, asthme, etc., se rendent à *Cauterets* et à *Pierrefonds.* Les phthisiques aux *Eaux-Bonnes* et à *Enghien.* Les rhumatisants à *Amélie* ; les maladies de la peau à *Luchon, Aix-la-Chapelle* et *Uriage* ; les maladies des femmes à *Bagnères* et aux *Eaux-Chaudes.*

On baigne et on douche à Baréges ; on boit aux Eaux-Bonnes et à Cauterets.

2° Eaux chlorurées.

Propriétés. — Les eaux chlorurées sont minéralisées par des chlorures de sodium, il serait aussi simple de les appeler eaux salées. Elles sont chaudes, toniques et excitantes; on les emploie en boisson, bains, douches, lavements, injections. Sous leur influence se produit un état de santé générale et de carnation meilleur, résultat prévu, car nous savons par l'hygiène comparée, que les animaux nourris avec des fourrages, auxquels on ajoute une certaine quantité de sel marin, sont mieux portants et ont le poil plus luisant et mieux fourni que ceux qui en sont privés.

L'excitation de la peau, qu'il est important de produire dans les maladies atoniques, est facile avec les eaux chlorurées, surtout si on élève la température du bain, j'en dirai autant de l'excitation des fonctions digestives, de la circulation de l'innervation et de la respiration. Je pourrais répéter ici ce que j'ai dit pour les eaux sulfureuses. Sous leur influence, la désassimilation devient plus active dans les tissus, le dégorgement des organes en est la conséquence, et un mieux rapide se produit généralement dans les parties condamnées en quelque sorte à une mort prématurée.

On distingue les eaux chlorurées en fortes et faibles, d'après leur degré de minéralisation et leur activité. Bourbonne, Balaruc, Salins, possèdent des eaux fortes; Plombières, Luxeuil, Bains, des eaux faibles.

Indications. — Les eaux chlorurées, étant toniques et excitantes, conviennent dans toutes les affections de nature lymphatique ou scrofuleuse, dans les maladies causées par un trouble accidentel ou prolongé de l'organisme, en un mot elles sont excellentes pour rétablir l'équilibre des fonctions quand il est détruit.

Spécialisation. — 1 *Hombourg*, *Niederbronn*, *Plombières*, conviennent aux affections du tube gastro-intestinal et de ses annexes. Les eaux de ces stations désobstruent par leur action dérivative les viscères engorgés, et préparent une action reconstituante.

2° *Bourbonne*, *Bourbon-l'Archambault*, *Balaruc*, sont surtout utiles contre les maladies causées par l'excès du tempérament lympathique, scrofule, tumeur blanche, carie, nécrose, ulcères, etc., contre les affections chirurgicales anciennes, luxations, fractures, entorses, contusions, coups de feu, blessures, cicatrices. Les névralgies, les rhumatismes et les paralysies de toute sorte se trouvent parfaitement aussi de l'usage de ces eaux, surtout quand on y ajoute l'emploi de la faradisation.

3° *Plombières*, *Luxeuil*, sont les stations préférées pour les maladies des femmes : anémie, chlorose, aménorrhée, dysménorrhée.

Les bains de mer rentrent naturellement dans la

grande classe des eaux salines; ils agissent plutôt par leur basse température que par leur excessive minéralisation. Le saisissement produit par le froid repousse le sang vers l'intérieur; les pores de la peau se contractent et ne laissent guère pénétrer de sel, s'il en pénètre; mais au sortir de l'eau il y a réaction, d'où excitation générale énergique, le sang circule plus vite et l'assimilation devient considérable. Les bains de mer conviennent dans la scrofule, la chlorose, l'anémie, la chorée, les débilités digestives et génitales.

L'hydrothérapie n'a rien de commun avec les eaux minérales, mais son action se rapprochant beaucoup de celle des bains de mer, je crois devoir en dire un mot.

L'application de l'eau froide agit avantageusement contre les névroses, en produisant une perturbation instantanée dans le système nerveux; contre le lymphatisme et les débilités, en resserrant les capillaires sanguins et en produisant ultérieurement une vive réaction de tout l'organisme. Il est fâcheux que le charlatanisme se soit emparé de cette branche importante de la thérapeutique générale.

3° Eaux bi-carbonatées.

Propriétés. — Les eaux bi-carbonatées ou alcalines sont minéralisées par le bi-carbonate de soude, quelques-unes par le bi-carbonate de chaux, Pougues, par exemple. Ordinairement froides ou tièdes, incolores et inodores, avec saveur aigrelette d'abord, alcaline ensuite, légèrement gazeuses, elles s'emploient en boisson et bains, rarement en douches. L'action des eaux alcalines s'exerce sur les fonctions digestives qui sont activées, mais moins vivement que par les précédentes. La sécrétion biliaire devient plus abondante et plus alcaline, la sécrétion urinaire est également augmentée, les urines sont moins acides qu'à l'état normal. J'en dirai autant de la sueur, le sang lui-même sous l'influence des eaux bi-carbonatées devient plus liquide et plus alcalin. La circulation se faisant plus rapidement, les engorgements tendent à disparaître, la désassimilation étant plus active, l'appétit est meilleur. En un mot, il se produit, par l'usage des eaux qui nous occupent, une alcalisation générale, favorable dans un certain nombre de maladies.

L'action produite est ordinairement lente et progressive, elle est moins vivement accusée que par les eaux sulfureuses ou salines.

INDICATIONS. — 1° Les affections chroniques du foie et en général de tout l'appareil biliaire ; les eaux alcalines n'ont pas de rivales pour rendre à la bile ses qualités normales et son cours régulier. Les engorgements et les coliques hépatiques se trouveront parfaitement de l'usage des eaux de Vichy, de même la gravelle et les coliques néphrétiques. J'en dirai autant, mais à un moindre degré, de certaines affections de l'estomac, dyspepsie, gastralgie, du diabète, de la goutte, ainsi que des dartres qui accompagnent ou alternent avec la goutte et le rhumatisme.

2° Les affections catarrhales chroniques sont particulièrement envoyées à Ems, la phthisie même peut y être améliorée ou prévenue, mais cette station reçoit surtout des bronchites et des laryngites chroniques, des catarrhes vésicaux et utérins, quelques asthmes, certaines névroses.

PRINCIPALES STATIONS BI-CARBONATÉES. — *En France*, Vichy, Cusset, Hauterive, Pougues, Condillac, Saint-Galmier, Aix, Vals. *En Allemagne*, Ems. *En Suisse*, Evian.

4° Eaux sulfatées.

Les eaux sulfatées sont ordinairement froides et minéralisées par des sulfates de soude, de chaux et de magnésie. Sous l'influence de ces éléments divers, toutes les sécrétions sont activées, principalement les sécrétions urinaires et intestinales.

Eminemment diurétiques, elles produisent, prises en grande quantité, une sorte de lixiviation des reins, des canaux et des réservoirs urinaires, elles entraînent dans leur migration rapide les graviers et même les calculs de petite dimension.

Les eaux sulfatées s'administrent en boisson contre la goutte, la gravelle et les calculs urinaires[1], le catarrhe de vessie et quelquefois le catarrhe utérin.

PRINCIPALES STATIONS. — Contrexéville, Vittel, Martigny-les-Lamarche, source Maynard à Bourbonne, Sermaize, Saint-Amand, Epsom, Pullna, Loëche, Carlsbad.

5° Eaux ferrugineuses.

Les eaux ferrugineuses sont minéralisées par des carbonates ou des sulfates de fer. Froides et astringentes elles s'administrent en boisson.

Toniques reconstituantes, ces eaux agiront avantageusement sur les états constitutionnels, suites d'un appauvrissement dans la qualité ou la quantité du sang. Stomachiques, elles augmentent l'appétit et rendent les digestions plus rapides et plus faciles.

Indications. — *Toniques reconstituantes*, elles seront indiquées dans la chlorose, l'anémie, les débilités, suites de maladies longues ou accidentelles, les troubles nerveux ou fonctionnels, les vices de la menstruation, la leucorrhée, etc.

Stomachiques, elles conviendront dans l'embarras gastrique, la dyspepsie, les gastralgies chroniques, l'ictère et les engorgements du foie et de la rate, la fièvre intermittente, etc.

Principales stations. — *En France*, Bagnères-de-Bigorre, Cransac, Forges, Alet, Mont-Dore, Bussang, Passy, Auteuil, Orezza en Corse, Larivière près Bourbonne. *En Belgique*, Spa. *En Allemagne*, Schwalbach.

PREMIÈRE PARTIE

BOURBONNE

CHAPITRE PREMIER

TOPOGRAPHIE

Bourbonne-les-Bains est un chef-lieu de canton de l'arrondissement de Langres, situé aux confins des départements de la Haute-Marne, des Vosges et de la Haute-Saône, à seize kilomètres de Laferté, station de la ligne de Paris à Mulhouse, à trente-neuf de Langres, cinquante-trois de Chaumont et trois cent quarante-quatre de Paris.

Ses coordonnées sont : longitude orientale 3° 25', latitude nord 47° 57' ; altitude des eaux minérales au-dessus du niveau moyen de la mer, 255 mètres.

La population est d'environ quatre mille trois cents

2

habitants dont la majeure partie est occupée aux travaux des champs.

La ville est construite sur une colline peu élevée et dans les deux vallons adjacents qui sont arrosés le premier au nord par la rivière d'Apance, l'autre au midi par le ruisseau de Borne. L'Apance prend sa source dans les bois de Labondice et dans son trajet d'environ trente kilomètres jusqu'à Châtillon où elle se jette dans la Saône, cette petite rivière alimente plus de vingt usines. Ce cours d'eau si bien utilisé reçoit à cent mètres de la ville le ruisseau de Borne, qui a son origine dans le bois des Epinets.

Bourbonne est adossée au nord et au couchant à la chaîne des Faucilles, couverte à son sommet de magnifiques forêts ; sur ses flancs, de vignes dont les produits sont justement réputés. Aux pieds de notre vieille ville se déroulent de vertes prairies, bien loin à l'est la crête majestueuse des Vosges ferme l'horizon. Le site est délicieux et le regard ne se lasse pas d'admirer ces villages perchés au nord et à l'ouest sur des roches escarpées et à l'est couchés mollement le long de la rivière.

Géologie.

M. Drouot divise en sept classes les diverses formations qui se montrent aux environs de Bourbonne.

1° *Alluvions* récentes et constituées par des débris de calcaires et de marnes, dans les vallées de Borne et d'Apance.

2° *Grès infra liasique* formant les plateaux élevés et alternant avec des marnes grises ou noires. Ce grès fournit de bonnes meules à aiguiser.

3° *Marnes irisées* recouvrant de fortes assises de gypse et recouvertes elles-mêmes par le grès. D'importantes carrières de gypse sont exploitées à Bourbonne et fournissent un plâtre employé surtout par l'agriculture.

4° *Muschelkalk* dominant par son importance toute la formation géologique de la contrée. Les bancs de calcaire sont employés à l'empierrement des chemins, quelques-uns sont exploités pour la bâtisse.

5° *Grès bigarré*, accompagné d'argiles plus ou moins

sableuses utilisées pour la fabrication de tuiles et de tuyaux de drainage.

6° *Terrain de transition* peu étendu et situé près de Châtillon-sur-Saône.

7° *Granite*, il n'en existe qu'un bloc de quelques mètres de diamètre et voisin également de Châtillon.

Les sources minérales s'échappent des profondeurs de la terre par une faille, formant aujourd'hui le vallon de Borne et produite par la dislocation des assises du muschelkalk et du grès bigarré.

La plus sérieuse difficulté que l'eau thermale rencontre dans son ascension est causée sans aucun doute par la masse argileuse qui recouvre le grès. Il est probable qu'immédiatement au-dessous des argiles il existe une nappe d'eau secondaire peu profonde, peu large, mais occupant toute la longueur du vallon de Borne. La nappe principale serait, dans cette supposition toute gratuite, je me hâte de le dire, située immédiatement au-dessous du grès bigarré.

Dans les différents forages exécutés sur la place ou le jardin des bains, ainsi qu'à l'hôpital militaire, la sonde a successivement traversé les formations géologiques suivantes, avant d'arriver à la nappe d'eau souterraine.

1° Les terrains d'alluvion ou remaniés d'une épaisseur moyenne de huit mètres. Immédiatement audessous de cette première couche se trouve en plusieurs endroits un pavé épais de deux mètres constitué par un béton romain très-dur, composé lui-même de mortier, de briques et de fragments de muschelkalk.

2° Les argiles bariolées, alternant à une certaine profondeur avec des grès solides ou désagrégés. Cette deuxième couche géologique a de trente à quarante mètres de profondeur et repose définitivement sur le grès solide.

Climatologie.

Le climat de Bourbonne est tempéré, variable sans excès. La ville est éminemment salubre, les épidémies rares, la vie moyenne supérieure aux limites ordinaires. Le mois de mai est ordinairement pluvieux et froid, l'été sec et chaud, l'automne délicieux.

2.

Les vents de nord-est dominent en été, d'ouest en hiver. La neige n'est jamais abondante, ni de longue durée.

Anthropologie.

Les habitants de Bourbonne et des environs sont de stature moyenne. Leur tempérament lymphatico-sanguin est excellent. Ils résistent très-bien aux dures fatigues qu'ils n'épargnent ni à eux, ni à leurs femmes, ni à leurs enfants,

Calmes et froids au premier abord, ils deviennent rapidement enthousiastes et confiants. Goguenards, ils emploient, acceptent et comprennent vite les plaisanteries les plus fines. Doux et bons, ils aiment à rendre service; peu rancuniers, s'ils n'oublient pas, ils pardonnent volontiers les injures. Je leur reprocherai seulement d'être légèrement frivoles et volages, de sacrifier souvent l'idole de la veille à celle du jour.

L'instruction primaire est extrêmement répandue

dans tout le canton; les jeunes gens qui ne savent ni lire ni écrire sont très-rares. Le patois est à peine employé par quelques vieillards; voici deux couplets d'une chanson d'un Langrois contre les Chaumontais, empruntés à Jolibois, qui donneront une idée de cet idiôme oublié.

Ai Langre y fait frô, dit-on;
Mais y fait chaud ai Chaumont,
Car quand bige veut ventai,
Pou ben l'aitraipai, l'empoichai d'entrai,
Car quand bige veut ventai,
Lai pothe on y fait fromai.

Ai Noueï, ai lai Saint-Jean
Lai music, ça du piain-chant :
Stu qui fait basse ât obligeai,
Pou grossi sai vô, d'allai s'enrimai;
Stu qui fait basse ât obligeai,
Teujô d'allai seu baignai.

CHAPITRE II

ORIGINES

L'origine de Bourbonne est extrêmement ancienne. Il est présumable que les Gaulois connaissaient les qualités de nos eaux, sinon leurs propriétés. Aimoin, qui cite le premier Bourbonne, l'appelle *Vervona*. Le P. Tournemine, savant jésuite, mort en 1739, et connu surtout par des recherches sur l'origine des Français, décompose Vervona en deux mots celtes : *verv* qui signifie chaud, et *von* fontaine. M. Ath. Renard a défendu cette étymologie, par des raisons qui la rendent très-vraisemblable, avec un rare talent, aussi a-t-il convaincu à peu près tout le monde.

Bourbon-l'Archambault, Bourbon-Lancy, possèdent

également des eaux thermales, il est donc très-probable qu'ainsi que Bourbonne, ces deux villes doivent leurs noms aux sources qui émergent sur leur territoire.

Vervona telle est la première appellation connue de Bourbonne, le v et le b étant deux lettres qui se remplaçaient mutuellement, on a eu bientôt Berbona, puis Borbona, et enfin Bourbonne.

Cette explication paraît la plus rationnelle et réunit le plus grand nombre d'adhérents.

Berger de Xivrey nie l'existence des deux mots celtes *verv* et *von*, il fait dériver Bourbonne de Borvo, dieu des eaux, et Borvo de bourbe.

Voici un certain nombre d'étymologies, dont quelques-unes sont curieuses. Gruter dérive Bourbonne de bourbe et de bonne. Juvet de boue bonne. M. Magnin de Βορϐορος ονειος, boue utile. Olivier de la Marche de bourg bon. Dugas de Beaulieu du mot celte bourbounen, bouillonnement, dérivé lui-même sans doute de Βορϐορυξω, je fais du bruit.

Quoiqu'il en soit, le surnom de Borvo, donné à Apollon, se retrouve dans plusieurs inscriptions précieusement conservées à Bourbon-Lancy et à Bourbonne. Il est probable que les Romains ont emprunté ce qualificatif à la langue celte.

Les Romains, comme les Grecs, plaçaient toutes

choses sous le patronage d'un dieu ou d'une déesse, qu'ils inventaient à l'occasion, aussi plusieurs commentateurs ont décomposé le mot Damonæ que nous trouverons dans trois inscriptions en *dam*, vierge, ou dame, et *onæ* de la fontaine. Damona, suivant eux, était une sorte de naïade protectrice des sources.

Voici la représentation des inscriptions gallo-romaines découvertes à Bourbonne.

La plus anciennement connue a été trouvée au XVIe siècle; elle est gravée sur une pierre blanche encastrée dans le mur qui sépare le grand salon du salon de lecture de l'établissement, elle paraît dater du IIIe siècle.

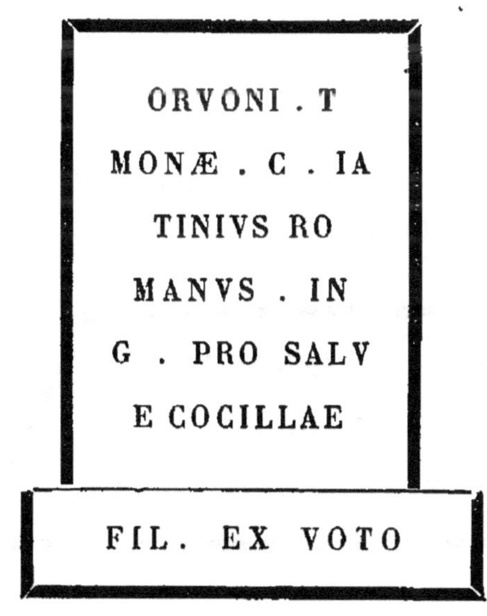

Berger de Xivrey rétablit ainsi ce texte :

Borvoni, Tamonæ (sic pro Damonæ), *C. Jatinius Romanus Ingenuus pro salute Cocillæ filiæ. Ex voto.*

Caïus Jatinius Romanus Ingenuus s'est acquitté de son vœu envers Borvo et Damona, pour la santé de sa fille Cocilla.

Damone, je l'ai déjà dit, était sans doute la déesse protectrice des sources minérales comme Borvo en était le dieu tutélaire.

La traduction de Xivrey n'est généralement pas acceptée, on lui préfère celle du P. Lempereur qui traduit à la quatrième et cinquième ligne IN.G par *in Gallia.* On a donc :

A Borvo et à Damone, C. Jatinius, romain, venu en Gaule pour la guérison de sa fille Cocilla, ex voto.

En 1829, on découvrit, au lieu dit le Prieuré, le chapiteau d'un monument funéraire, sur lequel est gravé l'inscription dont voici la reproduction :

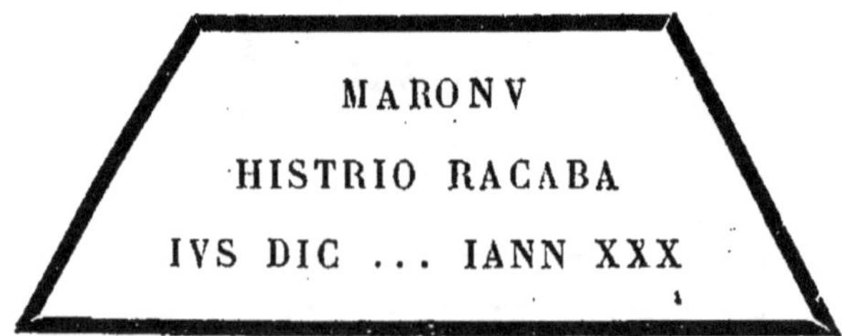

M. de Mombret rétablit cette inscription de la manière suivante :

Maronus histrio Racabajus dictus vixit ann. XXX.

Maronus, comédien, surnommé Racabajus vécut trente ans.

L'inscription suivante a été trouvée en 1833 dans les décombres d'une maison incendiée ; elle est gravée sur une table de marbre et se trouve, ainsi que la précédente, en la possession de M. Ath. Renard.

DEO. APOL
LINI BORVON
ET DAMONÆ
C. DAMINIVS
FEROX CIVIS
LINGONUS EX
VOTO

Au dieu Apollon Borvo et à Damone, C. Daminius Ferox citoyen de Langres. Ex voto.

La première des trois inscriptions que je viens de

reproduire est en mauvais état, comme pour la seconde on devine plutôt qu'on ne lit certaines lettres, quant à la dernière, elle est d'une conservation remarquable.

Outre ces monuments on a découvert, à diverses époques, en creusant le sol du quartier bas, une quantité de médailles, d'ustensiles de toute sorte, de chapiteaux et de fûts de colonnes, etc., vestiges d'un établissement important des Romains.

Récemment encore, M. Galaire, de Port-sur-Saône, a trouvé, en fouillant le sol de sa localité, un vase de verre blanc, sur le fond duquel se trouve en relief l'inscription suivante :

G. LEVPONI BORVONICI.

Il y avait sans doute, à l'époque gallo-romaine, une verrerie à Bourbonne dirigée par *G. Leuponus.*

M. Dugas de Beaulieu constate, dans un mémoire sur les antiquités de Bourbonne, qu'il existait aux premiers siècles de notre ère, trois temples romains situés :

« Le premier et le principal à l'extrémité Nord-Est du plateau de la colline du château. L'édifice devait être d'une grande magnificence, à en juger par les colonnes de granit des Vosges qui en décoraient le portique, et dont il y a sur place deux tronçons.

« Le second, plus vaste, mais d'une architecture moins riche que le précédent, puisque les colonnes n'étaient que de pierre calcaire, devait se trouver au pied de la colline, sur le bord d'une voie romaine qu'a remplacée la rue Vellone. Il n'en reste que deux tronçons cannelés de 0 m 66 de diamètre. »

M. Bougard pense que les découvertes récentes dont je vais parler corroborent l'opinion de M. Dugas, il suppose que les débris de colonne et les deux pierres votives découvertes récemment faisaient partie du second temple. C'est probable, car s'il a existé un temple seulement, il devait se trouver près du bain Patrice et c'est là justement dans l'aqueduc en construction destiné à recevoir le trop plein du puisard projeté que le 9 juillet 1869 a été exhumée avec soin une magnifique pierre (calcaire oolithique) dont la hauteur est de 1 m 37 et la largeur 0 m 35. Sur l'une des faces dans un encadrement, se lit l'inscription suivante, admirablement conservée

AUG
BORVON
C. VALENT
CENSORI
NUS
MVLLI . F
EX VOTO

Les personnes présentes au moment de la découverte de ce monument ont lu de suite :

Au divin ou à l'auguste Borvo, C. Valentinus Censorinus, fils de Mullius. Ex voto.

Le 3 août suivant, dans le même endroit, on trouvait une seconde pierre (grès bigarré) de la forme et du volume de la précédente. Sur l'une des faces de celle-ci, existe également une inscription parfaitement conservée, la voici :

BORVONI
ET . DAMON
IVL . TIBERIA
CORISILLA
CLAVD CATONS
LING
V. S. L. M.

Gruter t. I, page 84, 92 et 132 cite trois inscriptions renfermant ces quatre lettres V. S. L. M; il en existe bien d'autres; on les regarde comme têtes des mots votum solvit libenter merito.

L'inscription du 3 août peut donc s'expliquer de la manière suivante, toutes réserves faites :

A Borvo et à Damone Julia Tiberia Corisilla (femme ou fille) de Claude Caton de Langres, s'est acquittée avec plaisir de son vœu, comme elle le devait.

Le 21 janvier 1870, les ouvriers de M. Mouchet ont

retiré de la tranchée qu'ils creusaient en face de l'établissement civil une pierre en grès, cassée au milieu de sa hauteur et portant l'inscription suivante :

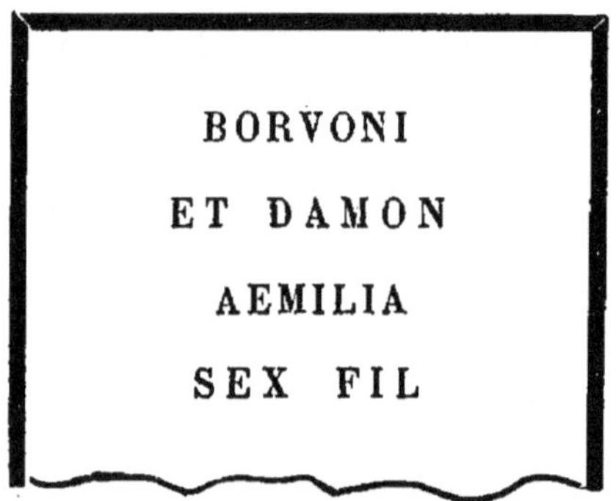
BORVONI
ET DAMON
AEMILIA
SEX FIL

Sur le fragment inférieur absent, se trouvaient sans doute les mots EX VOTO, ou les lettres V. S. L. M. L'intervalle compris entre les lettres X et F à la quatrième ligne était vraisemblablement occupé par les lettres T I. L'inscription toute entière peut donc se traduire :

A Borvo et à Damone, Æmilia fille de Sextus. Ex voto.

La face postérieure de ces trois dernières pierres n'est pas taillée, ce qui fait supposer qu'elles étaient encastrées dans un mur.

Il existe aux quatre angles de la plate-forme des deux dernières, des traces de griffes qui retenaient évidemment un objet d'art, la statue du Dieu Borvo peut-être, en bronze ou en marbre. On retrouve peu de ces œuvres anciennes, qui étaient sans doute elles-mêmes l'ex voto, la pierre étant uniquement destinée à les supporter et à recevoir l'inscription.

Il est probable que lors de l'invasion, les Gallo-Romains emportèrent dans leur fuite ce qu'ils avaient de plus précieux, les barbares pillèrent à leur tour ce qui avait pour eux une valeur quelconque, les métaux devaient surtout les séduire ; il n'est donc pas surprenant qu'on ne découvre presque jamais d'objets remarquables par la matière ou le travail oubliés par les vainqueurs et les vaincus, et qui seraient, comme le reste, enfouis depuis des siècles sous les couches végétales et minérales produites par des atterrissements successifs.

Le 12 mars 1870, à l'angle N.-O. du bâtiment des bains civils et à la profondeur de quatre mètres environ, les terrassiers mirent à découvert une vaste chambre, vrai cabinet de bain renfermant un siége de forme ronde en pierre et une baignoire ébréchée, également en pierre communiquant avec le puisard, au moyen d'un conduit par lequel s'écoulait l'eau minérale en grande abondance. Le même jour, on trouva noyé dans du ciment, à quelques mètres plus bas, un tuyau en plomb d'un diamètre de 8 centimètres et sur lequel on lit en relief l'inscription :

CINNAMVS-FEC.

Je dois à l'obligeance de M. Preschey, garde-mines, les précieux renseignements qui suivent, sur les derniers travaux exécutés à Bourbonne.

A la fin de 1868, le service des mines reçut des ordres pour la construction d'un aqueduc de décharge des eaux thermales partant de l'établissement civil, suivant les rues de l'Hopital, de Laleau, de Gray, la route départementale n° 9 et aboutissant à la rivière d'Apance, à 160m 00 en aval de son confluent avec le ruisseau de Borne.

Les travaux furent commencés au mois de février 1869 et nécessitèrent sur leur parcours de 900m 00 environ une tranchée de 2m, 00 de largeur et de 4 à 6 de profondeur.

Dès le début (sous la route départementale n° 9), d'anciens aqueducs d'une construction solide furent mis à découvert à 4m 00 de profondeur, ils étaient remplis de vase et donnaient énormément d'eau douce.

Dans la rue de l'Hôpital de nombreux débris de fûts de colonnes cannelées en pierre de la grande oolithe et deux ex-voto (dont un en grès) très-bien conservés, furent trouvés, et bien qu'étant épars sous le sol, ils étaient toujours à la même profondeur, 3m 00 environ.

Dans cette même rue, et 10m 00 avant d'arriver sur la

place des Bains, on rencontra un branchement d'anciens aqueducs (deux en croix, formant 4 ouvertures), dont l'un est sans doute le collecteur, leur radier est à 3m 75 en contre-bas du sol, trois étaient remplis de vase et donnaient de l'eau douce, tandis que le 4me contenant très-peu de vase, 0m 20 environ, donnait de l'eau chaude : une pompe fut placée sur cet aqueduc, on le mit à peu près à sec et on put l'explorer; à 2m 30 du branchement se trouve une chambre carrée de 1m 35 de côté et d'une hauteur de 2m 30 (voûtée en demi-sphère et faite en béton) à la partie inférieure et sur la droite se trouvait un tuyau en plomb scellé dans du ciment, qui était terminé à la jonction des acqueducs par un clapet en cuivre, ce clapet fut ouvert et donnait de l'eau thermale ; cette chambre n'est pas éloignée du puisard militaire, ce dernier n'ayant plus de trop plein, la conclusion était facile ; l'eau thermale sortait du puisard militaire qui d'ailleurs est crevassé de toutes parts : le tuyau en plomb fut coupé à l'angle de cette chambre et écrasé pour empêcher passage à l'eau thermale, de l'argile fut damée à l'entrée de cet aqueduc et sur toute sa hauteur ; malgré toutes ces précautions, le puisard militaire n'a toujours pas de trop plein et l'eau thermale, passant à travers ces anciennes constructions, traverse en ce moment les maçonneries de l'aqueduc en cours d'exécution.

Sur le branchement ouest et à 7m 00 de la jonction se trouve une partie rentrante le long de la paroi, de 1m 10 de longueur sur 0m 80 de largeur, au milieu de laquelle est un tube vertical en *plomb* semblable à ceux cités dans le mémoire de M. Lebrun, à la date du 24 juillet 1808 ; aucune expérience n'a été faite, elle eût probablement été inutile, car depuis cette époque les divers sondages exécutés

3.

par le service des mines ont bien modifié l'ancien régime des eaux.

Sur la place des Bains, on mit à découvert un nouvel aqueduc dont le radier est à 6^{m} 00 en contre-bas du sol et qui donnait de l'eau thermale en quantité ; les sources civiles furent jaugées au trop plein et l'on s'aperçut que cet aqueduc était en communication avec le puisard civil, le trop plein ayant diminué de 50^{m} cubes par 24 heures.

Plusieurs autres travaux anciens furent découverts ; en face l'établissement civil et à 1^{m} 90 en contre-bas du sol, se trouve un dallage en grès de 0^{m} 30 d'épaisseur sur les bords duquel se trouvent des caniveaux, ce dallage se continue sous l'établissement ; à sa surface on trouva une tête de lion (partie supérieure) qui devait former mascaron à en juger par sa conformation intérieure laquelle devait donner passage à un tuyau débitant de l'eau : à côté étaient des débris en marbre de chapiteaux corinthiens, parfaitement sculptés.

Malgré tout l'intérêt de ces découvertes et les diverses versions auxquelles elles donnent lieu, le service des mines s'est vu, à son grand regret, forcé de passer outre, n'ayant pas d'allocations spéciales; il est à désirer dans l'intérêt de la science et du pays que des fonds spéciaux soient alloués et que des recherches qui ne laisseront pas d'être intéressantes, étant bien dirigées, soient faites pour mettre fin à toutes les suppositions concernant les anciens travaux.

Les plans de tous ces ouvrages existent dans les archives du bureau du garde-mines à Bourbonne.

Comment et par qui furent découvertes les propriétés thérapeutiques de nos eaux? Nul ne le sait. Je ne raconte la légende Bourbonnaise qu'à titre de curiosité, bien entendu.

Les habitants de La Neuvelle conduisaient jadis leurs cochons à la glandée dans les bois de Bourbonne malgré l'opposition de leurs voisins. Ceux-ci irrités capturèrent un jour tous les porcs qu'ils purent saisir sur leur territoire et les réunirent sur la place actuelle des bains. Les animaux se mirent incontinent à fouiller et ne tardèrent pas à faire jaillir une source brûlante. Quelques-uns atteints de lèpre s'y vautrèrent avec délices et fait curieux se guérirent de leur affection. Ce miracle fit donner aux gens de La Neuvelle l'autorisation de conduire leurs cochons dans les bois de Bourbonne, et eux-mêmes purent faire usage gratuitement des eaux.

A propos de cette croyance, Diderot, dans son voyage à Bourbonne, s'exprime ainsi :

Aux bons cochons je porte révérence
Comme à des gens de bien, par qui le ciel voulut
Que nous eussions un jour et plaisir et salut.

CHAPITRE III

HISTOIRE

A l'époque de l'invasion des barbares tout disparut ici comme ailleurs ; il faut arriver au septième siècle pour retrouver trace de Bourbonne. C'est Aimoin, comme j'ai dit, qui le premier en fait mention sous le nom de *Vervona.*

Certains archéologues ont pensé que le nom de *Indesina* avait précédé celui de Vervona. Les auteurs de l'histoire de Jonvelle sont de cet avis. « Le nom primitif de Bourbonne parait avoir été *Indesina*, que l'on trouve dans la carte de Peutinger, seul monument ancien qui mentionne cette ville. En effet, cet itinéraire fait partir de *Noviomagus* (Pompierre), une voie qui aboutit à un petit édifice entourant une cour, signe indicateur d'eaux thermales. Au-dessus on lit *Indesina* et le chiffre XVI, marquant la distance d'un lieu à l'autre.

Or, cet édifice ne peut désigner que Bourbonne. En effet, il est exactement figuré sur la carte comme ceux des autres localités qui possèdent aussi des eaux chaudes ; on y trouve indiquée la source de la Meuse sortant, pour ainsi dire, sous les murs de l'édifice, et de fait les eaux thermales de Bourbonne sont les seules rapprochées de la source de cette rivière. Il n'existe dans le voisinage aucune voie, aucun autre nom, auxquels on puisse rattacher l'établissement d'*Indesina*. Enfin, le chiffre XVI désigne parfaitement en lieues gauloises la distance de *Noviomagus* à Bourbonne. Il faut en conclure que le nom de *Borvo* n'a été ajouté à celui d'*Indesina* que pour signifier que cette ville possédait des eaux thermales. Plus tard, à la suite de circonstances qu'il serait difficile de déterminer, le nom principal fut abandonné et remplacé simplement par celui de *Borvo*, d'où sont venus plusieurs dérivés. Ces sortes de substitution ne sont pas rares, surtout aux époques de transformations sociales telles qu'en produisit la chute de l'empire romain. »

De son côté, M. Marchal, juge de paix à Bourmont,

se propose de prouver incessamment que le nom de *Indesina* revient à Bourbonne tout en attribuant à Nijon l'emplacement de la station romaine appelée *Noviomagus*.

J'emprunte à M. Jolibois une grande partie des détails historiques qui suivent. Les personnes qui voudront étudier à fond l'histoire de Bourbonne ne peuvent mieux faire que de consulter la *Bibliographie* de mon confrère Bougard.

En 612, Thierry roi de Bourgogne réunit ses troupes au château de Bourbonne (vervona castrum) et marche ensuite contre Théodebert d'Austrasie, son frère. Au dixième siècle, fondation du prieuré; au douzième de l'église actuelle. Sous les Carlovingiens le fief de Bourbonne était déjà considérable et relevait du comté de Champagne.

Le premier seigneur de Bourbonne connu est Roscelin, qui vivait au commencement du douzième siècle; puis vinrent Renier Ier, Gui et Roïle sa femme, Foulques Ier; en 1173, Geoffroy, Renier II, Henri, Renier III, Foulques II, Gui II, la dame Willaume prirent simultanément le titre de seigneurs de Bourbonne. Gui de *Trichastel* époux de la dame Willaume accorde en 1205 aux habitants de Bourbonne la première charte d'affranchissement, moyennant une taille fixe de vingt-cinq sous par an, trois prud'hommes faisaient la répartition : vinrent ensuite Jean, Hugues, Pierre, Guillaume, Gui, Perrin et enfin Jean de Trichastel. La fille de ce dernier épousa Renard de *Choiseul*, qui recueillit l'héritage de son beau père en 1327. Renard ne laissa que des filles, l'une épousa Guillaume de *Vergy*, seigneur de Mirebeau, et reçut en dot la seigneurie de Bourbonne. En 1338 le roi fit présent des bains à Guillaume de Vergy, mais ils étaient alors si peu fréquentés qu'ils ne rapportaient au seigneur, si l'on en croit Diderot, pas plus de six livres par an.

A la famille de Vergy succède celle de *Bauffremont*. Pendant le quinzième siècle fondirent à la fois sur la contrée toutes les calamités imaginables. Les gens du duc de Lorraine envahirent à différentes reprises la seigneurie de Bourbonne, pillant et tuant tout ce qu'ils rencontraient. La guerre entre les Armagnacs et les Bourguignons ne fit qu'accroître les dangers courus par ce pays.

La famille de *Livron* qui succéda à celle de Bauffremont rendit un peu de paix et de tranquillité aux habitants, cependant Galas et les Suédois en 1638 rançonnèrent la ville d'une rude façon.

En 1674, *Colbert du Terron* acheta la seigneurie qui fut revendue en 1711 au marquis de *Maillebois*, en 1717 eut lieu le fameux incendie qui détruisit la ville presque toute entière. *Chartraire*, président à mortier au parlement de Dijon, acheta Bourbonne en 1731 et prit le titre de marquis de Bourbonne. Le fils du marquis n'eut qu'une fille qui épousa le comte d'*Avaux* qui eut lui-même pour héritier le comte d'*Ogny*, dernier propriétaire de la terre de Bourbonne.

En 1812, madame de Chartraire avait vendu à l'état, les bains civils; en 1822 le comte d'Ogny vendit la forêt du Danonce à M. Dubreuil et le château à M. Lahérard. Cette dernière propriété appartient aujourd'hui à M. Tonnet, maire de Bourbonne.

L'imprimeur Boudrot, Chaudron-Rousseau le conventionnel et son fils le général, le docteur Chevalier, le docteur Duport, le général Mercier, sont nés á Bourbonne.

La famille du général Denis, comte de Damrémont, est originaire de Damrémont, commune du canton de Bourbonne.

En 1789, la paroisse de Bourbonne faisait partie du diocèse de Besançon, doyenné de Favernay; de 1801 à 1822, elle fut comprise dans le diocèse de Dijon, elle dépend aujourd'hui de celui de Langres.

L'église de Bourbonne fut desservie jusqu'au commencement du XVIIIe siècle par un délégué du prieur de Saint-Laurent, de l'ordre des Bénédictins, placé lui-même sous la juridiction de l'archevêché de Besançon. Les bâtiments de l'ancien prieuré, fondé au XIe siècle, existent encore aujourd'hui sur la colline située au sud de l'établissement thermal.

Le prieur partageait les dîmes avec le seigneur, moitié de sa portion servait à rétribuer le curé; mais en 1717 celui-ci devint plus exigeant, et de nouvelles conventions durent être conclues entre eux.

A l'extrémité N. de la ville subsistent encore aujourd'hui des bâtiments qui servaient de maison conventuelle, avec église, à une dizaine de religieux de l'ordre mendiant des Capucins. Les prieurs et les capucins ont disparu à la révolution.

Bibliographie.

Un très-grand nombre d'auteurs ; médecins, historiens, archéologues, ingénieurs, etc., ont écrit sur Bourbonne et ses eaux, je vais indiquer seulement les principaux :

1570 *Hubert Jacob.* Traité des admirables vertus des eaux chaudes de Bourbonne-les-Bains en Bassigny, mises en lumière par Hubert Jacob, maître en chirurgie du lieu d'Anrosay, au voisinage de Bourbonne, dont jusqu'à présent nul n'a écrit.

1590 *Jean le Bon* (Hèteropolitanus). Des bains de Bourbonne-les-Bains.

1658 *Tibault*, doyen de la Faculté de médecine de Langres. Petit traité des eaux et bains de Bourbonne.

1705 *R. P. Lempereur*. Explication d'une inscription trouvée à Bourbonne.

1716 *Gauthier*, architecte. Dissertation sur les eaux minérales de Bourbonne-les-Bains.

1717 Anonyme. Relation du grand incendie de Bourbonne.

1728 *Nicolas Juy*. Traité des propriétés et vertus des eaux, boues et bains de Bourbonne-les-Bains.

1736 *Baudry*, médecin des hôpitaux du roi. Traité des eaux minérales de Bourbonne-les-Bains.

1749 *Charles*, intendant des eaux de Bourbonne. Dissertation sur les eaux de Bourbonne.

1750 *Juvet*, médecin de l'hôpital militaire de Bourbonne. Dissertation contenant de nouvelles observations sur la fièvre quarte et l'eau thermale de Bourbonne en Champagne.

1770 *Diderot*. Voyage à Bourbonne.

1770 *Chevalier*. Mémoires et observations sur les effets

des eaux de Bourbonne-les-Bains en Champagne, dans les maladies hystériques et chroniques.

1772 *Chevalier*. Mémoires et observations sur les effets des eaux de Bourbonne en Champagne.

1783 *Devaraigne*, ingénieur. Procès-verbal des travaux entrepris par M. le comte d'Avaux aux bains et eaux minérales de Bourbonne-les-Bains.

1808 *Lebrun*, inspecteur des ponts-et-chaussées. Mémoire concernant les eaux minérales et thermales de Bourbonne-les-Bains.

1809 *Bosq et Bezu*. Extrait d'un mémoire sur l'analyse des eaux minérales de Bourbonne.

1810 *Mongin-Montrol*. Précis pratique sur les eaux de Bourbonne-les-Bains.

1813 *Therrin*, chirurgien en chef de l'hôpital militaire. Notice sur les eaux minérales de Bourbonne-les-Bains.

1822 *Athénas*, pharmacien en chef de l'hôpital militaire. Recherches et observations sur la composition naturelle de l'eau minérale de Bourbonne-les-Bains.

1822 *Petitot*, directeur de l'hôpital militaire. Notice sur Bourbonne-les-Bains.

1826 *Fodéré*. Mémoire sur les eaux de Bourbonne.

1826 *Renard*. Bourbonne et ses eaux thermales.

1827 *Desfosses* et *Roumier*. Analyse de l'eau thermo-minérale de Bourbonne. (Journal de pharmacie.)

1830 *Le Molt*, inspecteur des eaux de Bourbonne. Notice sur Bourbonne et ses eaux thermales.

1831 *Ballard*, médecin en chef de l'hôpital militaire. Précis sur les eaux thermales de Bourbonne-les-Bains.

1833 *Berger de Xivrey*. Lettre à M. Hase sur les antiquités et l'Histoire de Bourbonne.

1834 *Bastien* et *Chevalier*. Analyse des eaux minérales de Bourbonne.

1843 *Athénas fils*. Guide général des baigneurs aux eaux minérales de Bourbonne-les-Bains.

1844 *Magnin*. Les eaux thermales de Bourbonne-les-Bains.

1857 *Bougard*. Les eaux chlorurées, sodiques, thermales de Bourbonne-les-Bains. (Thèse).

1858 *Henri*. Clinique de l'hôpital militaire.

1858 *Cabrol* et *Tamisier*. Eaux thermo-minérales de Bourbonne-les-Bains.

1860 *Renard fils*. Des eaux thermo-minérales, chlorurées, sodiques de Bourbonne-les-Bains.

1863 *Drouot*, ingénieur en chef des mines. Notice sur les sources thermales de Bourbonne-les-Bains.

1863 *Bougard*. Les eaux salées chaudes de Bourbonne-les-Bains.

1864 *Causard* Auguste. De la cure thermale à l'hôpital militaire de Bourbonne-les-Bains.

1866 *Causard* Auguste. De l'électricité employée concurremment avec les eaux de Bourbonne.

1866 *Bougard*. Essai de Bibliographie et d'histoire.

1869 *Roret*. Nouveau guide des baigneurs.

CHAPITRE IV

ÉTABLISSEMENTS THERMAUX

1° Bains civils.

Sous la domination Romaine, les établissements thermaux de Bourbonne avaient sans aucun doute une grande splendeur. Au moyen âge, s'ils n'étaient pas complètement ignorés, leur clientèle était misérable et fort restreinte. Les seigneurs firent plus tard quelques améliorations progressives, mais ils ne purent donner à leur propriété défectueuse un renom convenable.

Jean le Bon nous apprend que le bain Patrice (emplacement de l'hôpital militaire actuel) était de son temps abandonné, parce que l'eau du ruisseau y arrivait. Outre dit-il « y a un grand bain plus long que large, de grande largeur pour toutes gens riches et pauvres, vexez de toutes maladies et malandres : on y peut entrer près de cent personnes indifféremment, et tout nuds comme beaux Adamistes. »

En 1658, Tibault, médecin à Langres, constate des changements dans l'agencement des bains : « l'eau, dit-il, est receuë dans un grand réservoir de pierre, de figure ronde et assez profond, dans lequel on descend par trois ou quatre escaliers tout autour en mode d'amphithéâtre, pour la plus grande commodité des pauvres malades, soit pour leur séance, soit pour prendre le bain plus ou moins profond suivant les parties du corps affligées et suivant l'avis de leurs médecins, et ce bain est le plus fréquenté et est appelé vulgairement le bain couvert. »

Depuis, les gens délicats se firent apporter le bain dans les maisons où ils logeaient ; cette coutume existait encore il y a trente ans. A l'époque où Diderot vint à Bourbonne (1770), « on payait le bain dix sous dans le quartier d'en bas, seize sous dans le quartier d'en haut. »

En 1763, M. de Chartraire fit bâtir une sorte de halle qui fut démolie par M. d'Avaux vingt ans plus tard, on construisit alors un établissement convenable avec les pierres de l'ancien château. Quand l'Etat se rendit acquéreur des bains civils, quelques maisons furent achetées et les constructions primitives modifiées ; enfin, en 1837, toute la partie sud a été démolie et refaite, on y a installé le bain des dames et les salons.

Les bains civils actuels représentent un vaste parallélogramme que je me garderai d'apprécier au point de vue de l'art. On tire de ces constructions défectueuses tout le parti possible, et la cure est certes aussi assurée à Bourbonne que dans les luxueux établissements de Vichy ou de Plombières.

Les bains civils sont ouverts du 15 avril au 15 octobre, ils renferment soixante-sept cabinets de bain et vingt-six de douches ; il existe en outre quatre piscines destinées aux hommes et trois aux femmes, chacune peut contenir de dix à quatorze personnes.

Voici les prix des eaux et du linge.

Cabinets.	Bain.	1 fr.
—	id. avec feu.	1 25
—	Douche, 15 minutes	0 75
—	20 id.	1
—	25 id.	1 25
Piscines.	Bain.	0 50
—	Douche, 15 minutes	0 50
—	25 id.	0 80

Piscines.	Douche, 30 minutes	1
Etuves.		0 75
Bain de pieds.		0 25
— de bras.		0 15
Linge,	matelas	0 25
(Piscines et cabinets).	draps de douche	0 10
—	fond de bain	0 20
—	peignoir chaud	0 15
—	— froid	0 10
—	— laine	0 15
—	serviette chaude	0 10
—	— froide	0 05

Les salons sont ouverts du 1er mai au 15 septembre. Le jeudi et le dimanche il y a grand bal avec orchestre, les autres jours danse au piano. Le cabinet de lecture est abondamment pourvu de journaux et de revues, quant à la salle de jeu et à la buvette, je n'ai rien à en dire.

Le prix des abonnements aux salons est de :

Quinze francs par mois ; six francs pour dix jours; dix francs pour vingt jours ; un franc pour un jour.

Les officiers jusqu'au grade de capitaine inclusivement, s'ils prennent un abonnement d'un mois, paient pour eux et leur famille sept francs cinquante centimes par personne ; les habitants de Bourbonne quinze francs pour les quatre mois de la saison.

Les soins médicaux sont donnés gratuitement aux pauvres par l'inspecteur. Les médecins consultants ordinaires rivalisent de zèle et de dévouement avec notre éminent compatriote M. Renard, aussi on peut dire que les pauvres sont aussi bien soignés à Bourbonne que les plus riches.

L'usage gratuit des eaux est toujours accordé par le préfet de la Haute-Marne, délégué du ministre, aux indigents de tous pays, munis d'un certificat de médecin constatant la nécessité du traitement minéral et un certificat d'indigence délivré par le maire. Certains départements votent chaque année une somme plus ou moins importante destinée à l'entretien de leurs pauvres ici; deux francs par jour sont suffisants; on trouve à Bourbonne pour ce prix des maisons qui peuvent donner le logement et une nourriture assez convenable.

2° Hôpital Militaire.

L'hôpital militaire a été fondé en 1732, par Louis XV, sur l'emplacement du bain Patrice, que Charles IV avait acheté en 1324 à messire Renard de Choiseul. Depuis 1732 jusqu'en 1815 plusieurs bâtiments furent ajoutés aux premières constructions, enfin, tout dernièrement, dans deux pavillons supérieurement aménagés, le génie a installé les logements des officiers.

A l'hôpital militaire, il existe peut-être plus de ressources pour la bonne administration des eaux, qu'à l'établissement civil. La cure y dure davantage, quarante jours, pour les plus malades quatre-vingts; le système de casernement et de vie réglementaire empêche les excès de toute sorte; les soins médicaux y sont de tous les instants; on y applique avec discernement l'électricité, l'usage méthodique des eaux de Vittel et de Contrexéville n'est pas non plus indifférent. La pharmacie livre chaque jour à la consommation une grande quantité d'eau de Seltz, fort utile contre les embarras gastriques, fréquents à la suite de l'usage interne de l'eau minérale. Une bibliothèque assez bien organisée, ainsi que des jeux de quilles, et une sorte de gymnase, sont mis à la disposition des militaires.

L'hôpital est ouvert du quinze mai au quinze septembre ; il y a été reçu, en 1869, 955 officiers, sous-officiers et soldats.

La surveillance générale est exercée par le sous-intendant militaire de Langres, dont la résidence est fixée à Bourbonne pendant la saison des eaux.

Le service médical est confié à un médecin principal, deux médecins majors, trois aides-majors et deux médecins civils requis.

La comptabilité et le matériel dépendent d'un officier comptable, ayant sous ses ordres quatre adjudants de l'administration des hôpitaux.

Le service du culte est fait chaque jour par un aumônier attaché à l'établissement.

Enfin, cent infirmiers détachés de Strasbourg donnent aux malades tous les soins convenables, pendant qu'une demi compagnie venue de Langres sous les ordres d'un capitaine, veille à la police extérieure.

Il existe dans diverses salles ou cabinets cinquante baignoires :

4 sont destinées aux officiers supérieurs.
23 — aux officiers subalternes.

2 sont destinées aux adjudants.
3 — aux bains mixtes, (douche et bain à la fois).
2 — aux bains d'eau douce.
8 — — sulfureux.
8 — — spéciaux (affections suppurentes).

L'hôpital est en outre pourvu de deux vastes piscines pouvant contenir chacune vingt hommes (sous-officiers et soldats), et de deux étuves.

Le nombre des cabinets de douche est à l'hôpital militaire de vingt-quatre :

2 sont destinés aux officiers supérieurs.
7 — — subalternes.
8 — aux soldats.
3 douches mixtes.
1 douche écossaise.
2 douches ascendantes.
1 douche auriculaire.

Dans chaque salle de bain est affiché le tableau suivant:

Réglement général

Du traitement par les eaux thermo-minérales en dehors des changements que MM. les médecins traitants jugeront devoir apporter dans les prescriptions journalières :

Repos. Le jour d'entrée et le dimanche.

Les eaux se prennent de préférence le matin, à jeun.

Il existe sur les étagères des robinets, deux verres : un petit de la contenance de 100 grammes, un grand de la contenance de 200 grammes.

EAU EN BOISSON.

Boire le plus chaud possible, de préférence en sortant du bain, au robinet destiné à cet usage. Il faut avoir la précaution de laisser écouler une certaine quantité d'eau pour l'avoir suffisamment chaude. Si elle semblait indigeste, avant de renoncer à son usage on irait la boire à la fontaine de la place, où elle est plus chaude et plus digestible.

1er	2e	3e	Jours	100	Grammes	(Le petit verre)
4e	5e	6e	7e	200	—	(Le grand verre)
8e	9e	10e	—	300	—	(Le grand verrre et le petit)
11e	12e	13e	14e	400	—	(Deux grands verres)
15e	16e	17e	—	500	—	(Deux grands verres et le petit)
18e	19e	20e	21e	600	—	(Trois grands verres)

BUVETTE.

Il existe une buvette à la porte de la pharmacie, destinée à l'usage de la tisane d'orge, des eaux minérales froides et des eaux gazeuses.

La tisane est à la discrétion des malades hospitaliers; mais les eaux minérales et gazeuses ne sont délivrées que d'après la prescription du médecin traitant.

BAINS.

Les bains se prennent à la température de 33 à 35° centigrades, 28 à 29° Réaumur, après avoir eu la précaution de faire agiter l'eau au moyen d'une rame en bois.

Du premier au huitième jour une demi-heure, les huit jours suivants, trois-quarts d'heure, les quatre ou cinq derniers jours, une heure.

Les bains d'eau douce, alcalins, sulfureux, de siége, de bras, de pieds, d'étuves et bains mixtes, sont toujours l'objet de prescriptions spéciales, exécutées fidèlement aux heures et selon le mode de l'ordonnance médicale.

DOUCHES.

Les douches se prennent de préférence après le bain, sauf la prescription du médecin, les quatre premiers jours en arrosoir de cinq minutes, les neuf jours suivants en demi-canal de huit minutes, les huit derniers jours à plein canal de quinze minutes.

La température de la douche est à deux degrés de plus que celle du bain. Les douches graduées, mixtes, révulsives, ascendantes, auriculaires et écossaises sont toujours l'objet, comme les bains spéciaux, de prescriptions médicales qui sont plus particulièrement surveillées et confiées aux doucheurs les plus habiles.

Les fomentations d'eau thermo-minérale, ainsi que l'application des boues, sont toujours l'objet d'une prescription exceptionnelle.

OBSERVATIONS.

L'eau de Bourbonne étant très-active, il est prudent d'être modéré dans son usage, de l'arrêter et de consulter le médecin aussitôt qu'on éprouve des changements dans son état.

Il est expressément recommandé de ne pas dépasser les doses indiquées et de se tenir toujours plus tôt en deçà qu'au delà de ces prescriptions.

Bourbonne, le 15 mai 1858.

Le Médecin principal chef.

Signé : CABROL.

Sources thermales.

Avant 1856, époque à laquelle M. Drouot, ingénieur en chef des mines, fut chargé de travaux de sondage importants, il existait à Bourbonne quatre sources d'eaux minérales, deux pour le service de chaque établissement. Les sources des bains civils étaient :

1° Le puisard, dans le bâtiment même des bains.

2° La fontaine chaude ou matrelle sur la place.

Le puisard est composé de deux parties superposées et bien distinctes. L'inférieure de construction Romaine est en mauvais état, ses parois sont disjointes et laissent sourdre de tous côtés l'eau minérale, sa forme est rectangulaire, ses dimensions sont : longueur 3m 60, largeur 2m 40, profondeur 3m 90. La partie supérieure a été construite en 1783 par M. d'Avaux, ses dimensions sont : longueur 4m, largeur 3m 40, profondeur 2m 60.

Il est question de créer un nouveau réservoir central des eaux minérales près de la porte des piscines, 'ancien puisard sera curé et creusé; sans aucun doute il fournira une grande quantité d'eau, peut-être par exemple au détriment des autres sources.

La fontaine chaude était située sur la place dans l'intérieur d'un petit bâtiment en forme de temple, aujourd'hui détruit, elle fournissait seulement l'eau employée en boisson. Son rendement étant devenu tout à fait insignifiant, elle fut sondée en 1865 avec un succès remarquable, le produit de cette source est maintenant utilisé à l'hôpital.

Les deux sources de l'hôpital militaire étaient :

1° La source des étuves, ainsi nommée parce que les cabinets de bains de vapeur sont construits sur son emplacement.

2° La source de la cour de la caserne.

Ces deux sources débouchent dans un puisard d'une contenance de 48^{m} cubes et sur lequel est établi la machine d'élévation des eaux.

M. Drouot en 1857 entreprit six essais de sondage qui ne furent que des travaux d'exploration, quelques-uns donnèrent cependant de l'eau minérale, ils furent néanmoins abandonnés.

Le premier sondage porte le n° 7 et fut exécuté en 1858 dans la cour de la caserne ; la nappe fut atteinte à la profondeur de 27^{m} 90, mais l'eau ne jaillit pas, elle resta toujours à 3 ou 4^{m} en contre-bas du niveau du sol.

Le sondage n° 8 entrepris à la même époque à dix mètres de distance du n° 7, fut poussé jusqu'à 42^{m} de profondeur, il fournit d'abord 43^{m} cubes d'eau environ par vingt-quatre heures, à la température de 55°. Cette source dont le rendement à beaucoup diminué, se déverse dans le puisard militaire.

Le sondage n° 9 fut exécuté en 1860 sur la place des bains. A la profondeur de 34^{m}, l'eau jaillit en quantité énorme, 172^{m} cubes par 24 heures, à la température de 50°. Cette source ainsi que les suivantes fut dirigée dans le puisard civil.

Le sondage d'exploration n° 1 dans le jardin des bains fut repris en 1859 ; à 31^{m} 50 de profondeur il produisit 144^{m} cubes d'eau par 24 heures, à la température de 64°. Ce sondage diminua sensiblement le débit et la thermalité des autres sources.

Le sondage n° 10 dans la cour de service des bains civils commencé en 1861 et terminé en 1862 constitue de beaucoup la principale source minérale de Bourbonne, il fournit à la profondeur de 44^{m} 60, 288^{m} cubes d'eau en 24 heures, il est tubé en cuivre rouge.

Le sondage n° 11 à l'O. de la place des bains a donné tout d'abord une certaine quantité d'eau, mais son rendement a considérablement baissé depuis le sondage n° 12.

Le sondage n° 12 ou de la matrelle a été fait en

1865 sur l'emplacement du petit temple dont j'ai déjà parlé.

L'hôpital militaire, qui bénéficie de cette source, peut suffire grâce à elle à toutes les exigences du service sous le rapport de la quantité et de la thermalité des eaux.

PÉRIMÈTRE DE PROTECTION.

Le périmètre de protection des sources, tracé en 1859, est destiné à empêcher la concurrence que les propriétaires du sol voisin des établissements thermaux, auraient pu faire à l'Etat en forant des sources et les exploitant à leur gré.

Le périmètre de protection comprend environ vingt et un hectares, sa plus grande longueur de l'est à l'ouest dans la vallée de Borne est de 820 mètres, sa plus grande largeur du nord au sud de 280 mètres.

DEUXIÈME PARTIE

PROPRIÉTÉS PHYSIQUES, PHYSIOLOGIQUES ET THÉRAPEUTIQUES DES EAUX

CHAPITRE PREMIER

PROPRIÉTÉS PHYSIQUES DES EAUX

L'eau minérale de Bourbonne est incolore, inodore quand elle est refroidie ; chaude elle dégage une odeur légèrement fade de vapeur d'eau condensée. Au goût elle est amère et rappelle, comme on l'a dit cent fois, le bouillon de veau trop salé. Chaude, elle n'est nullement désagréable à boire, tiède ou froide, on s'y fait vite. L'eau thermale est parfaitement limpide. Onctueuse au toucher d'abord, elle laisse ensuite une sensation fugace de sécheresse à la peau. Elle attaque à la longue les corps les plus durs tels que les métaux et la pierre. Froide, elle ne dissout pas le savon.

Abandonnée à elle-même, elle ne forme pas de dépôt, il se produit seulement à sa surface une sorte de matière organisée glaireuse à laquelle on a donné le nom de barégine, substance produite par des végétaux de l'ordre des *Phycées*. Les bassins sont tapissés par un autre végétal appartenant à la tribu des *Confervacées*.

La densité de l'eau minérale est de 1006 à 17°.

Thermalité.

Le 10 juillet 1869, à neuf heures du matin, il n'avait pas plu depuis une semaine au moins, les pompes fonctionnant encore, j'ai fait plonger dans la source des étuves à l'hôpital militaire un seau contenant environ douze litres ; retiré plein quelques minutes après, j'y ai introduit immédiatement un thermomètre très-sensible, j'ai constaté une température de 57° 50.

A la même heure, la buvette qui reçoit l'eau du réservoir des douches marquait 45° et les étuves 44. Le même jour à midi, la température de l'eau du puisard civil était de 62° 50, l'expérience faite de la même manière qu'à l'hôpital, la source du sondage n° 10, 65° 50.

Depuis dix ans comme je l'ai déjà dit dans le chapitre précédent, l'aménagement des eaux a complètement changé dans les deux établissements thermaux, grâce aux sondages exécutés, et qui ont produit outre une quantité énorme d'eau, un excédant de calorique d'environ six degrés.

Diderot, dans son voyage à Bourbonne, a constaté en 1770 que l'eau de la Fontaine chaude accusait à la surface une température de 55° Réaumur correspondant à 69° centigrades et au fond 62° R. équivalant à 77° 50 c. Plusieurs auteurs pensent qu'il y a eu erreur d'observation.

M. Athénas, en 1822, indiquait pour le puisard civil une température de 57° 50 centigrades, pour la Fontaine chaude 58° 75 et le puisard militaire 50°.

M. Renard en 1857 évalue ainsi la température des sources : Fontaine chaude 58° 50 centigrades, puisard civil 54°.

La même année, M. Cabrol constatait 50° pour le puisard militaire.

Les bassins destinés à contenir l'eau des diverses sources minérales, étant mal établis, reçoivent de l'eau commune plus ou moins abondante, suivant l'état d'humidité du sol environnant. Ainsi le 26 décembre 1858 l'eau de la Fontaine chaude était à 52°, le lendemain 27, après une forte pluie, elle ne marquait plus que 49° 50. (Observation de M. Tamisier). On cherche à remédier à cet inconvénient grave et il n'est pas douteux qu'on y arrive bientôt; la minéralisation deviendra de la sorte parfaitement régulière, on combattra facilement l'excès de chaleur en construisant de vastes réservoirs de refroidissement.

« Ce seroit vouloir renfermer l'Océan dans une coquille, que d'entreprendre d'expliquer en un seul chapitre les divers sentiments des autheurs anciens et modernes qui ont escrit de la source et origine première des Eaux et Fontaines chaudes (Tibault). » Tout le monde sait aujourd'hui que l'accroissement de la température est dans les mines de un degré par 31 mètres de profondeur. La température moyenne de la surface de la terre étant à Bourbonne de 12°, si les eaux thermales ont 60° on aura la profondeur à laquelle s'étale la nappe d'où elles émergent, en multipliant 60° moins 12 par 31, soit 1488 mètres. Mais l'eau se refroidit en route comme le fait observer M. Drouot, elle vient donc de plus bas, seize cents mètres, à peu de chose près, en ne tenant pas compte de l'augmentation plus rapide de la température à de grandes profondeurs, et qui serait de un degré pour vingt-sept mètres à neuf cents mètres, suivant M. Walferdin.

La température des eaux minérales est la conséquence naturelle de la chaleur centrale du globe ; elle est d'autant plus élevée que la nappe est plus profonde.

La chaleur propre à certaines eaux minérales est particulière, elle jouit de qualités spéciales. Une eau naturellement chaude, quand elle a été transportée au loin n'a plus les mêmes chances thérapeutiques, lors même qu'elle a été artificiellement remontée à son degré d'origine, aussi les eaux chaudes sont utilisées seulement sur place et c'est avec raison que leur transport a été abandonné. Les auteurs qui ont affirmé que l'eau minérale se refroidissait moins vite que l'eau commune se sont trompés, j'ai fait à cette occasion plusieurs expériences concluantes.

Quant à la salure, on peut l'expliquer de deux façons. Ou la nappe est placée sur d'immenses gisements de sel gemme, je dis immenses, car le degré de minéralisation n'a pas baissé avec les siècles. Ou cette nappe est le produit du lessivage de terrains comprenant des mines de sel. Que la salure vienne d'en haut où d'en bas, il importe peu.

Laplace a établi en 1820 que si les eaux chaudes arrivaient au niveau du sol, c'est que plus légères,

5.

elles étaient chassées du bassin central par les eaux froides venues du dehors. Je crois pour mon compte que la présence de vapeurs comprimées à un grand nombre d'atmosphères dans l'espace qui sépare la surface du lac intérieur de sa voûte solide, explique suffisamment le jaillissement des sources minérales en un point déclive.

Depuis longtemps on a remarqué que les eaux thermales abondent dans les pays volcaniques ou secoués par les tremblements de terre, Pyrénées, Auvergne, etc. En 1861, à Bourbonne comme d'un centre se produisirent des mouvements très-accusés du sol et rayonnant à vingt kilomètres en moyenne. La secousse du 12 avril, à trois heures dix minutes du matin, a été ressentie vivement par tous les habitants de la localité, surtout par ceux du quartier bas, elle était accompagnée d'un roulement sourd et d'une forte détonation à l'ouest. M. Délaissement, garde-mines, qui s'était rendu immédiatement aux sources, put constater une augmentation de produit d'environ 1/10, mais pas de notable différence de température. Les craintes de M. Délaissement n'étaient pas chimériques, car après un tremblement de terre, en 1616, les eaux de Bagnères de Bigorre devinrent beaucoup plus froides, tandis que celles de Luchon acquéraient au contraire une température plus élevée. On comprend que dans des cataclysmes semblables l'existence même des sources est en jeu.

En même temps que le garde-mines s'occupait des eaux minérales, mon excellent parent M. Causard-Foissey observait de son côté une déviation énorme de l'aiguille aimantée vers l'est, sa boussole affolée n'était plus influencée par le voisinage du fer. Les 14, 16 et surtout 20 avril suivants, de nouvelles secousses se firent sentir. Du 26 mars 1861 au 25 mai, MM. Cabrol et Tamisier en ont relevé cinquante cinq, fortes ou faibles. M. Walferdin pense qu'il y a eu avant 1861 de fréquents tremblements de terre localisés à Bourbonne; Ballard cite entre autres secousses, celle du 10 août 1829; si toutes ne sont pas connues, c'est qu'il n'y a pas eu d'observateur pour les annoncer. Bourbonne d'autre part a été agité à diverses époques, notamment en 1855, par des tremblements de terre, dont l'origine était éloignée.

Analyses.

« Quant à la qualité de l'eau, elle est sulphurée autant et plus que s'en peut trouver au monde, » dit

Jean le Bon ; et Juvet cent soixante ans plus tard : « si l'eau de Bourbonne est imprégnée de parties sulfureuses et bitumineuses, elle ne l'est pas moins de sels volatils et d'esprits. » Ces deux médecins reconnaissaient cependant la présence du sel marin dans l'eau minérale, mais ils y attachaient une médiocre importance.

Tibault était mieux inspiré en écrivant : « L'eau évaporée par ébullition laisse au fond du vaisseau un sel blanc pur et net, en une quantité suffisante et proportionnée à celle de l'eau consumée. Ce qui fait conjecturer que ce minéral est l'ingrédient principal, du moins plus copieux, qui entre en la composition de ces eaux. »

Venel, collaborateur de Diderot à l'encyclopédie, Monnet, le Dr Chevallier, Devaraigne capitaine ingénieur, ont fait à la fin du dix-huitième siècle des analyses qui se ressemblent beaucoup par les résultats. Voici celle de Devaraigne, pour un litre d'eau :

sel marin........	63 grains
sélénite..........	4 $\frac{5}{6}$
terre absorbante..	2 $\frac{1}{6}$
fer..............	traces

En 1808, Bosq et Bezu entreprirent la première sérieuse analyse de l'eau de Bourbonne, avec des moyens nouveaux d'expérimentation. Ils obtinrent pour une livre d'eau :

Muriate de chaux...	8	grains	76	centièmes
Muriate de soude...	50	—	80	—
Carbonate de chaux.	1	—	»»	—
Sulfate de chaux....	8	—	88	—
Substance extractive	»	—	50	—
Total......	69	grains	94	centièmes

En 1822, Athénas, pharmacien major à l'hôpital militaire; en 1827, Desfosses et Roumier; en 1834, MM. Bastien et Chevallier; en 1848, MM. L. Figuier et Mialhe publièrent de nouvelles analyses.

MM. Chevallier et Gobley découvrirent l'arsenic en 1848; M. Garreau l'iode en 1853; M. Grandeau le cœsium, le rubidium, le lithium et le strontium en 1861, au moyen de l'analyse spectrale.

L'analyse des eaux de Bourbonne a été faite avec un grand soin par M. Pressoir, pharmacien major à l'hôpital militaire, en 1860.

La voici pour un litre d'eau :

Chlorure de sodium.........	5 gr.	800	milligr.
Chlorure de magnesium.....	» —	400	—
Carbonate de chaux.........	» —	100	—
A Reporter......	6 gr.	300	milligr.

Report......	6 gr.	300	milligr.
Sulfate de chaux............	» —	880	—
Sulfate de potasse...........	» —	130	—
Bromure de sodium.........	» —	65	—
Silicate de soude............	» —	120	—
Alumine....................	» —	130	—
Iode.......................	traces	»	—
Arsenic....................	id.	»	—
Peroxide de fer.............	—	3	—
Oxide mangano manganique.	—	2	—
Total......	7 gr.	630	milligr.

L'analyse des boues minérales a été faite par Vauquelin, voici leur composition d'après ce chimiste :

Acide silicique.......	64 40
Fer oxidé...........	5 80
Chaux..............	6 20
Magnésie...........	1 »
Alumine............	2 20
Matière végétale.... } — animale.... }	15 40
Perte..............	5 »
	100 »

L'analyse des conferves a été faite par M. Bompard, celle des gaz par M. Tamisier, qui a trouvé pour cent parties :

Ozygène..........	2
Azote.............	92
Acide carbonique..	6
	100

CHAPITRE II

PROPRIÉTÉS PHYSIOLOGIQUES ET THÉRAPEUTIQUES DES EAUX

Toniques reconstituantes, les eaux minérales de Bourbonne fortifient les organes en réveillant la sensibilité nerveuse et stimulant la fibre musculaire ; *excitantes générales* elles accélèrent les fonctions ; *altérantes* enfin elle fluidifient le sang et empêchent la stase sanguine en activant la circulation capillaire. Les anciens auteurs les qualifiaient encore de fondantes et désobstruantes. Elles n'ont pas de rivales contre les maladies chroniques dont la cause ou le résultat est un affaiblissement général de la constitution.

L'application des eaux de Bourbonne est dirigée principalement contre le retour des manifestations spéciales aux maladies diathésiques, elles préviennent grâce à leur action reconstituante le retour de nouveaux accès qui, retentissant eux-mêmes sur la constitution établissent à la longue un droit de cité indestructible de l'affection initiale.

Je considérerai dans l'étude que je vais faire des propriétés physiologiques de l'eau minérale: 1° L'eau elle-même. 2° Sa température. 3° Ses principes chimiques. 4° L'action électrique qu'elle détermine spontanément. 5° L'application particulière. 6° Les précautions hygiéniques indispensables au baigneur. Chemin faisant, je m'occuperai des effets produits par le traitement thermal sur le tégument externe, les systèmes nerveux, circulatoire, digestif, respiratoire et les organes génito-urinaires.

L'eau prise à l'intérieure active les excrétions et les exhalations, elle change la composition des fluides, facilite la désassimilation et la rénovation des tissus en augmentant l'absorption interstitielle. Son usage externe débarrasse la peau des produits excrémenticels journaliers, ramollit l'épiderme et facilite sa perpétuelle reconstitution. Personne n'ignore aujourd'hui que plusieurs maladies graves telles que le cancer et autres tumeurs malignes doivent être en grande partie attribuées à un fonctionnement insuffisant de la peau. Des bains fréquents entravent quelquefois le dépôt au sein de l'économie de tissus étrangers analogues à la substance épidermique. La peau *respire* mieux quand elle est souvent en contact avec l'eau, la matière sébacée rend difficile cette fonction importante, tellement importante que les animaux dont l'épiderme est enduit d'un vernis meurent rapidement. Je pourrais citer outre le cancer un grand nombre de maladies aigues ou chroniques qui sont causées ou entretenues par un défaut de fonctionnement de la peau. Il en est peu de celles qui affectent les organes essentiels à la vie, qui ne s'améliorent sous l'influence d'une vive révulsion extérieure.

Les bains chauds de Bourbonne congestionnent la peau et activent ses fonctions secrétoires, quand ils sont trop prolongés, ils déterminent une action débilitante. Sédatifs d'abord ils ralentissent le pouls et le font tomber rapidement de quatre ou cinq pulsations, mais ensuite se produit une excitation véritable de la circulation, tellement même qu'avec des bains trop chauds et de trop longue durée on peut en quelque sorte à volonté faire naître les deux accidents connus sous les noms de fièvre thermale et de poussée. La minéralisation considérable de nos eaux aide singulièrement la thermalité dans la production de ces deux légères indispositions.

Fièvre thermale.

Elle est caractérisée par un malaise physique et moral, rarement assez considérable pour arrêter complètement la cure, mais suffisant pour appeler l'attention du médecin. Le début a lieu le plus souvent entre le sixième et le neuvième bain, il se manifeste par de la courbature et un sentiment de fatigue et de lassitude; la chaleur est plus grande à la peau et le pouls s'accélère ; quelquefois il se produit en même temps de l'insomnie et de l'agitation. La langue est ordinairement blanche ; il existe peu ou pas d'appétit, quelquefois une légère diarrhée, plus souvent de la constipation et une soif assez vive. Tous ces accidents se font en général si peu sentir qu'ils passeraient inaperçus si l'attention du médecin n'était en éveil. La fièvre dure quatre ou cinq jours, puis ne s'observe plus que le soir, elle disparaît enfin définitivement, comme elle est venue, sans trouble grave.

Le pronostic est favorable. Je n'hésite pas à écrire ce mot favorable. Jadis on réglementait moins l'application des eaux, leur usage était fait à tort et à travers, on voyait vraisemblablement de magnifiques fièvres thermales; quelques-uns payaient les imprudences de tous, mais aussi les guérisons devaient être plus fréquentes qu'aujourd'hui. Pour mon compte, j'ai remarqué que les personnes atteintes de fièvre thermale, fait rare, et de poussée, fait assez fréquent, celles qui par conséquent avaient abusé des eaux, obtenaient une amélioration plus prononcée que les autres. Je suis heureux de dire que l'approbation de M. de Finance donne une autorité incontestable à cette manière de voir. Il est temps, je crois, de s'insurger contre ce mode qui consiste à administrer l'eau minérale de Bourbonne par cuillerées à café. Soyons prudents, mais non pusillanimes, ne rendons pas insignifiant l'agent énergique que la nature a mis entre nos mains.

Le traitement de la fièvre thermale est à peu près nul. Il suffit de diminuer la durée du bain et sa température, de supprimer l'eau minérale à l'intérieur pour voir disparaître bien vite le léger accident qui nous occupe. L'eau de seltz, la limonade pourront avec un léger laxatif être utilement employés.

Poussée.

La poussée se traduit par un exanthème qui apparaît seul ou en compagnie de la fièvre thermale. Cette éruption cutanée ressemble beaucoup à celle que produit l'application d'un sinapisme. Rarement générale, cette rougeur se manifeste surtout aux endroits où la peau est mince, au voisinage des articulations et à la partie interne des membres; elle arrive le plus souvent chez les personnes qui transpirent facilement et qui abusent de la température et de la durée du bain ; elle est, suivant quelques auteurs, produite par l'irritation que cause le sel à la base des poils?

Je dirai bien plus encore pour la poussée ce que j'ai dit pour la fièvre thermale, c'est un symptôme favorable, preuve manifeste non pas d'une sursaturation mais bien d'une dépuration profonde subie par l'organisme. On doit favoriser la poussée et diriger judicieusement sa marche.

L'eau minérale à l'intérieur occasionne souvent un embarras gas'rique léger qu'il ne faut pas confondre avec la fièvre thermale, ces deux indispositions se ressemblent beaucoup; du reste, elles comportent à peu près le même traitement.

Quand j'aurai cité l'ivresse thermale, j'en aurai fini avec les accidents concomitants de l'usage immodéré de nos eaux. Comme la fièvre, la poussée et l'embarras gastrique, l'ivresse thermale est commune chez les malades désireux de guérir vite, le nom qu'on lui a donné indique assez bien la forme qu'elle revêt. Quand elle se produit désagréablement, je conseille d'espacer suffisamment ces trois moyens fondamentaux du traitement : bain, douche, boisson.

J'ai dit que les eaux de Bourbonne excitaient singulièrement les fonctions de la peau, qu'elles activaient la circulation grâce à leur thermalité et à leur composition chimique. Je me propose d'étudier maintenant les effets qui semblent être la conséquence de la minéralisation même.

Le médecin ou le malade qui préjugerait uniquement l'action d'une eau minérale d'après sa composition chimique se tromperait étrangement. Il faut en effet tenir compte de la pratique et de la tradition. Comme toutes les médications connues, les eaux sont d'un usage si non empirique au moins expérimental.

Il a fallu de longs tâtonnements pour arriver à la spécialisation actuelle, et malgré les analyses récentes les plus exactes, la clientèle des stations n'a pas sensiblement changé. M. Grandeau par exemple, en constatant la lithine à Bourbonne, avait supposé que la gravelle et la goutte s'y trouveraient bien, c'est exactement le contraire qui est vrai. Ce qui prouve encore que les éléments chimiques ne sont pas tout dans une eau minérale, c'est l'inanité des eaux artificielles. Leur rôle est important néanmoins, grâce à l'état de combinaison particulière où ils se trouvent; ils peuvent même rendre compte en partie des trois effets capitaux observés à Bourbonne; j'ai dit en commençant que nos eaux étaient toniques reconstituantes, excitantes générales et altérantes.

Parmi les éléments que l'analyse a reconnu dans les eaux de Bourbonne, le *chlorure de sodium* tient de beaucoup la première place. Tous les tissus, tous les liquides de l'économie contiennent du sel, comme l'eau, il est une condition d'existence; son usage, même exagéré, ne trouble pas sensiblement la santé générale, mais augmente l'appétit, active et facilite la digestion, procure par conséquent au corps une plus grande somme de nutriments, tellement que, pour le bétail, trois kilogrammes de foin assaisonnés de sel marin, nourrissent autant que quatre kilogrammes du même fourrage sans addition de sel. Par la même raison le sel est engraissant, il donne aux muscles plus de fermeté, à la graisse plus de densité et de finesse.

A la dose de dix grammes, le sel excite la muqueuse intestinale et produit les phénomènes que je viens d'énumérer; à la dose de vingt et trente grammes, il détermine une sécrétion abondante de sérosité, de mucus, de bile et de fréquentes garde-robe. Le sel est antiphlogistique, c'est un excellent contre-stimulant, avec l'aide duquel on peut combattre efficacement toutes les inflammations chroniques et les congestions habituelles des organes.

Les deux substances qui, après le chlorure de sodium paraissent jouer le rôle le plus important dans la cure minérale à Bourbonne sont le *brôme* et *l'iode*. Ces deux corps ont valu à nos eaux la qualification si ambitionnée de *bromo-iodurées*. Le brôme et l'iode ainsi que l'arsenic sont en faible proportion, sans doute, dans la composition minérale, mais ces trois agents sont tellement actifs, leur effet est si certain, qu'à dose médiocre, ils produisent des résultats thérapeutiques merveilleux.

Le brôme a la propriété singulière de faire cesser promptement les douleurs articulaires, c'est un antiarthritique par excellence et un reconstituant nerveux énergique. Son usage régularise la fonction menstruelle, nos eaux passent à bon droit pour être emménagogues, et à une certaine époque, elles ont été prônées contre plusieurs formes de stérilité.

L'iode et le brôme sont des anti-scrofuleux bien connus, on les utilise avec un succès remarquable contre les manifestatioms du tempérament lymphatique exagéré. Le rachitisme, les ulcérations de la peau, les engorgements osseux, les indurations glandulaires, la carie, etc., sont améliorés par l'emploi pharmaceutique du brôme et de l'iode, mais l'état moléculaire et la combinaison particulière de ces agents avec les autres éléments minéraux leur donne à Bourbonne une activité bien plus grande que partout ailleurs.

L'arsenic est comme chacun sait anti fiévreux, anti névralgique, antiapoplectique, c'est, en outre, un médicament de premier ordre contre les maladies de la peau.

Parlerai-je des oxydes de fer et de leur action tonique, du chlorure de magnésium et de son action dépurative; des sels de chaux et de potasse, du silicate de soude, de l'alumine, du cœsium, rubidium, lithium et strontium. Toutes ces substances ont leur raison d'être et il n'est pas douteux qu'elles agissent efficacement. Dans quelle proportion? Nul ne peut le dire, mais il est certain que l'ensemble de ces éléments divers fondus dans un tout harmonieux produit chaque jour les résultats thérapeutiques les plus inespérés.

M. Scoutetten a publié en 1864 un gros volume intitulé : *De l'électricité considérée comme cause principale de l'action des eaux minérales sur l'organisme.* Des expériences entreprises à Bourbonne et à Plombières par ce médecin distingué, il résulte que nos eaux fournissent un excès d'électricité négative, la terre étant positive. Les électrodes placées, une dans l'eau minérale, l'autre dans la terre, le galvanomètre a marqué 80° à Boûrbonne.

Lorsque l'eau minérale est en contact avec le corps humain, il se manifeste également une action électrique fort vive et dont la direction est positive ; ce qui indique que l'électricité part de l'eau pour pénétrer dans le corps. Les deux électrodes d'un galvanomètre étant introduites, l'une dans un bain d'eau de Plombières, l'autre dans l'épaule de M. Scoutetten placé lui-même dans le bain, l'aiguille dévia de 85°. L'eau commune produit un courant de 10° seulement. L'intensité du courant varie selon la nature de la minéralisation, la température du liquide et surtout son origine. Les eaux venant des profondeurs de la terre jouissent de propriétés actives exceptionnelles.

Il est certain que l'action électrique des eaux minérales sur l'organisme existe, et que cette action est importante, sinon principale. L'électricité est-elle l'âme des eaux minérales, le je ne sais quoi qui rendra compte un jour de tous les phénomènes thérapeutiques produits vraisemblablement en dehors de la thermalité et de la minéralisation ? Disons avec Montaigne, *que sais-je*? Quoiqu'il en soit, cette idée d'attribuer à l'électricité un rôle important dans la cure thermale n'est pas nouvelle. Ballard écrivait trente-trois ans avant M. Scoutetten : « La combinaison de l'électricité dans les eaux de Bourbonne leur communique un degré d'énergie que n'ont pas celles du voisinage. » Malheureusement, les raisons qui inspiraient le chef de l'hôpital militaire et les conséquences qu'il en déduisait sont contestables, mais le fait lui-même paraît certain.

J'ai dit que l'eau minérale excitait les fonctions sécrétoires de la peau, les systèmes nerveux et circulatoire ; la respiration est aussi rendue plus facile et bénéficie également de la stimulation générale de l'économie. J'arrive aux fonctions digestives.

Les premiers jours de l'application des eaux *intus* et *extra* sont caractérisés par une augmentation de l'appétit et un sentiment de bien-être physique et moral qui tient, autant aux changements d'hygiène et d'habitude qu'à l'usage même des eaux. Dans les jours qui suivent, les selles perdent leur régularité, elles deviennent plus liquides et plus abondantes. Si le traitement est activé, la diarrhée ne tarde pas à se produire, surtout si le malade boit immodérément comme il est trop souvent disposé à le faire. Quand l'eau thermale est bue avec déplaisir, l'effet purgatif est certain.

M. Cabrol avait posé en principe que, chaude, l'eau minérale produisait la constipation, froide, la diarrhée. Les soins exigés par les dérangements intestinaux étaient pour lui d'une parfaite simplicité. J'ai cherché à me rendre compte par une observation attentive des faits, du plus ou moins d'exactitude de cette manière de voir, et je suis arrivé à cette conclusion qui se rapproche beaucoup de celle de M. Cabrol. L'eau froide est généralement purgative, même à des doses médiocres, deux cents grammes par exemple ; très-chaude et en petite quantité, elle est échauffante; elle purge moins sûrement que froide, mais elle est laxative à la dose répétée plusieurs jours de suite de 500 grammes et à la température de 30°. Après huit ou quinze jours d'un traitement minéral borné au bain et à la douche, la constipation est la règle, le traitement complet bien dirigé, régularise les fonctions intestinales.

Il serait oiseux de dire que la sécrétion urinaire est activée en raison inverse de la sécrétion de la sueur, il est clair que la température élevée du bain et de la boisson diminuera la quantité d'urine excrétée ; j'a-

6.

jouterai cependant que le chlorure de sodium est un excitant des reins et que toutes proportions gardées, leurs fonctions seront légèrement exagérées ici.

Les règles devancent en général, augmentent de durée, et sont plus abondantes pendant le traitement minéral.

Les eaux de Bourbonne comme j'ai déjà dit passent à bon droit pour être emménagogues, mais si elles excitent les ovaires, elles excitent également l'utérus et il n'est pas rare de voir apparaître des flueurs blanches chez les femmes prédisposées. Cet accident disparaît avec la cause qui l'a fait naître. Il est d'usage de supprimer le bain chez les femmes qui, n'ayant pas pris de suffisantes précautions pour fixer entre deux époques leur séjour ici, sont surprises par leurs règles, la cure commencée; on peut à la rigueur, continuer la douche quand elle ne doit être appliquée ni sur les reins, ni sur les cuisses.

Les causes intimes de l'action des eaux ne sont pas encore parfaitement connues, quant à leurs effets thérapeutiques ils s'exercent sur toute une série d'affections déterminées par la pratique.

L'amélioration est d'abord éphémère et maximum à la sortie de la douche, elle se prolonge insensiblement et devient bientôt définitive; elle se traduit par un état général meilleur, par la diminution des douleurs et l'augmentation des mouvements.

Il peut survenir à un moment donné qu'au lieu de diminuer, les douleurs s'exacerbent. Le fait n'est pas rare. Je le regarde comme avantageux, quand il n'y a pas exagération, il est le précurseur d'une amélioration prochaine. Si ce symptôme est par trop accusé, il est urgent d'interrompre les douches.

CHAPITRE III

MODES D'ADMINISTRATION DES EAUX

La durée du traitement thermo-minéral est ordinairement de une, deux ou trois saisons. A Bourbonne comme ailleurs on tient beaucoup à ce chiffre cabalistique de vingt et un jours qui constituent une saison. Pourquoi vingt et un jours ? C'est, disent plusieurs médecins, le temps normal pendant lequel la femme se trouve en dehors de la période menstruelle. En effet, la femme est sous l'influence cataméniale en moyenne cinq jours pendant, deux jours avant et deux jours après les règles. Cette assertion se justifie assez bien. On peut dire encore que vingt et un jours font trois semaines, chiffre rond, et dans beaucoup de cas les malades ne peuvent disposer que de ce temps, qui souvent aussi est suffisant pour tirer un certain profit du traitement minéral. Dans les cas graves, deux saisons séparées par un repos de huit jours sont indispensables pour assurer une amélioration définitive ; c'est au médecin traitant à juger de l'opportunité et de la durée de la prolongation, ses conseils ne sont malheureusement pas toujours suivis.

Quelle est l'époque préférable pour se rendre aux eaux ? Chacun se préoccupe en général de sa convenance personnelle. Les travaux des champs sont insignifiants dans le cours du mois de juillet, c'est une raison qui détermine bon nombre de personnes ; d'autres choisissent l'époque des vacances fin août et commencement de septembre ; les malades sérieux pressés de guérir se mettent en route aussitôt la saison ouverte.

Aux gens de plaisir, je dirai choisissez juillet, aux autres juin et août. La cure sera également assurée dans ces trois mois qui ont bien aussi leurs inconvénients à côté d'incontestables avantages ; juillet et août sont souvent trop chauds et juin trop humide.

Le temps et l'époque choisie me paraissent secondaires dans la manifestation des phénomènes spéciaux au traitement balnéaire. Je crois qu'en janvier, on pourrait parfaitement obtenir d'excellents résultats avec les bains et les douches. Tout péril produit par les changements brusques ou non de température est imaginaire si on n'oublie pas les précautions hygiéniques qui doivent accompagner l'application des eaux.

Les eaux de Bourbonne s'administrent en boisson, bains, douches, étuves, fomentations, injections, gargarismes et pulvérisation. Les boues sont quelquefois employées en topiques. Les trois premières manières sont de beaucoup les plus usitées, réunies elles forment ce qu'on appelle un traitement complet; les autres modes d'administration sont exceptionnels et n'ont de raison d'être que dans certaines indications particulières.

Le traitement thermal sera lentement progressif, il n'arrivera à son entier développement que vers le dixième jour de la cure. J'indique souvent à mes malades la gradation suivante en la modifiant, s'il y a lieu ; destinée à des rhumatisants, elle ne conviendrait nullement aux apoplectiques.

1er jour, bain de une demi-heure à 33°.

2e jour, bain de trois-quarts d'heure à 33°. Douche en arrosoir à 34°, de dix minutes, un demi-verre d'eau, c'est-à-dire cent vingt-cinq grammes environ.

3e jour, comme le deuxième.

4e jour, bain de trois-quarts d'heure à 34°. Douche en arrosoir à 36°, de quinze minutes, un verre d'eau, soit deux cent cinquante grammes.

5e jour, comme le quatrième.

6e jour, bain de trois-quarts d'heure à 34°. Douche en demi-canal à 36°, de quinze minutes, un verre d'eau.

7e 8e et 9e jours, comme le sixième.

10e jour, bain de une heure à 36°. Douche en plein canal à 40°, de quinze minutes, deux verres d'eau.

Les 11e, 12e, 13e, 14e, 15e et 16e jour comme le 10e. Dans les cinq derniers, on peut porter la température du bain à 38° et même 40°, et la douche à 42° et même à 45°, en se servant de la lame transversale ; la dose de boisson peut aussi être augmentée, il est souvent utile d'en faire absorber à certains malades un litre et plus.

Je dirai à l'avance aux médecins qui trouveraient que les températures de 40° pour le bain et 45° pour la douche sont exagérées, qu'à Bourbon-l'Archambault ces chiffres sont loin d'être des maximum, ils sont constamment dépassés dans les affections rhumatismales, et avec raison.

Boisson.

L'eau minérale à l'intérieur est particulièrement indiquée dans les manifestations de la scrofule, carie, tumeurs blanches, ulcères, engorgements ganglionnaires, etc. Elle est utile contre les rhumatismes et les paralysies de quelque nature qu'elles soient et en général, contre toutes les maladies chroniques, diathésiques, comportant une grande dépuration et une stimulation énergique des fonctions.

Quand on doit boire moins de deux cent cinquante grammes d'eau, il est plus simple de prendre cette dose en une seule fois après la douche ; s'il s'agit de deux verres, il est convenable de faire suivre l'ingestion du premier d'une petite promenade de dix minutes; quelques personnes préfèrent prendre le premier verre avant le bain. Lorsque la dose indiquée sera de plus de cinq cents grammes, c'est que le traitement interne aura une grande importance; dans ce cas, il est indiqué de boire un ou deux verres à quatre heures du soir, dans le cours d'une promenade au jardin des bains.

Les Allemands, nos maîtres en hydrologie, attachent une importance considérable à la promenade, dont ils font suivre l'absorption de l'eau ; aussi, ont-ils construit des trinkhall monumentales. Sans tenir autant que nos voisins à l'exercice méthodique qui sépare la prise de chaque verre d'eau, je pense néanmoins que la marche facilite la digestion des liquides, et qu'à ce titre elle convient parfaitement aux personnes qui doivent boire chaque jour une grande quantité d'eau minérale.

Plus l'eau est chaude, moins elle est désagréable à prendre, et mieux elle passe. La température devra varier de 30 à 50° suivant l'effet produit sur l'estomac et l'intestin. Le plus ordinairement très-chaude, elle est échauffante, tiède ou froide, elle purge légèrement. Il est convenable de rendre les excrétions plus fréquentes et plus abondantes tant que dure le traitement ; en variant la dose et la thermalité de la boisson minérale, il est facile d'arriver à un état d'excitation satisfaisant de l'intestin, organe qui sera toujours un thermomètre précieux à consulter pour la bonne administration de l'eau à l'intérieur.

J'ai bu et fait boire à plusieurs personnes l'eau minérale à 65° à petits coups. M. Athénas m'objecta, en ce moment, que l'eau minérale pouvait être bue à 65°, mais non l'eau commune, et que je me brûlerais infailliblement avec de l'eau ordinaire portée artificiellement à la température de 65°; je fis de suite l'expérience, sans inconvénient pour mes lèvres. Cette température extrême ne produit qu'une très-grande sueur, utile souvent dans le rhumatisme; cet effet n'est pas le plus recherché généralement, et on préfère avec raison la température de 45°.

Quelle est la quantité d'eau qu'il convient de boire? Tibault a vu « plusieurs personnes de qualité, qui les ont prises jusques à quinze et dix-huit verres par jour, et en ont reçu un merveilleux soulagement. » M. Renard a soigné « un malade a qui il avait prescrit un litre en trois verres, avaler cinq fois cette dose en quinze verres, dans l'intervalle d'une heure, en *soutenant qu'il avait trouvé son degré*. Ce malade a continué ainsi à boire pendant quinze jours. C'était un homme jeune et fort; et comme il avait besoin d'une forte dépuration, car il avait eu plusieurs maladies vénériennes et subi de nombreux traitements mercuriels, M. Renard n'a pas protesté beaucoup contre cet apparente témérité. L'effet produit consistait dans une augmentation notable des évacuations ordinaires, urines, selles et sueurs, et dans un *appétit d'enfer*, suivant l'expression du malade. »

Ce n'est pas un exemple à suivre, ajoute judicieusement M. Emile Renard, auquel j'emprunte cette citation.

Contre les manifestations du tempérament lymphatique, pour un adulte, je conseillerai la dose de un litre, si l'eau est bien supportée ; pour les autres affections, un demi-litre doit suffire.

L'eau bien chaude n'est pas désagréable au goût, elle répugne cependant à quelques palais trop difficiles. On a conseillé de la mélanger à du lait, de l'eau de fleur d'oranger, etc. Je préfère l'adjonction d'acide carbonique, moyen que j'ai proposé le premier en 1864. Voici ce qu'on lit dans le journal *le Progrès de la Haute-Marne*, numéro du 10 juillet :

« Les eaux salées de Bourbonne, prises à l'intérieur, sont résolutives, dépuratrices, éliminatrices ; elles impriment à l'économie une grande absorption intestinale, une desassimilation plus grande encore, et par contre-coup, le dégorgement des organes.

Les eaux de Bourbonne sont indiquées à l'intérieur dans toutes les affections ou les bains et les douches forment la base du traitement principal, mais dans les maladies diathésiques, quand la constitution a un besoin pressant d'être transformée, tonifiée à l'excès, l'eau minérale à l'intérieur, est héroïque, et doit former elle-même la base de la médication thermale.

Frappé des difficultés que plusieurs médecins ont éprouvées dans l'administration de l'eau de Bourbonne, M. le docteur A. Causard a cherché et trouvé, croyons-nous, un moyen qui mettra, sinon tout le monde d'accord, les médecins ne sont jamais d'accord, mais qui mettra, dis-je, les malades à même de boire notre eau fructueusement et agréablement... Ce moyen consiste à charger l'eau minérale d'acide carbonique. » Je n'attache pas grande importance à ma découverte, cependant, je ne serais pas surpris qu'un médecin plus persistant que moi ne la reprenne, et fasse accepter définitivement mon eau gazeuse.

Bain

Le bain est la forme ordinaire de l'application des eaux minérales et avec justice, c'est par ce moyen que s'exerce surtout l'action physiologique. Comment? Est-ce par l'absorption des sels que l'eau renferme, ou par la température même du bain. Peu de questions ont été débattues autant de fois. MM. Kuhn et Duriau à force de recherches et d'expériences ont pu poser les quatre propositions suivantes :

1° L'absorption à la surface de la peau existe dans les bains froids ou frais, et son intensité est proportionnelle à la durée du bain.

2° A température indifférente, c'est-à-dire entre 30 et 40° l'exhalation et l'absorption sont en équilibre.

3° Les bains chauds augmentent l'exhalation des liquides et l'absorption des sels.

4° Les bains minéraux en général sont excitants, en raison directe des proportions de principes minéralisateurs et de calorique qu'ils renferment.

J'ajouterai que les bains frais sont sédatifs et fortiflants; ils activent la sécrétion urinaire et les fonctions intérieures, mais ils peuvent produire des congestions cérébrales ou pulmonaires par le brusque reflux du sang vers les centres; ils doivent être de courte durée. A Bourbonne, on les emploie fort peu.

Les bains tièdes, à température agréable ou indifférente, sont de beaucoup les plus usités ici : c'est par eux que commence et se continue le traitement. Ils sont légèrement excitants et toniques, ils facilitent ou rétablissent l'harmonie de toutes les fonctions.

Les bains chauds sont violemment excitants; comme les bains frais ils ne doivent pas être prolongés. On doit en faire usage avec méthode et discrétion, car ils peuvent produire des palpitations et des étourdissements. Je les conseille surtout contre les rhumatismes et les névralgies invétérées.

L'excitation produite par les bains minéraux, est en raison directe de la quantité des principes minéralisateurs qu'ils renferment et de la température de l'eau, ai-je dit; ce principe bien posé, on comprend facilement comment il se fait qu'à Bains, Plombières, Luxeuil, etc , les malades puissent rester impunément plusieurs heures dans de l'eau tiède, qui contient à peine 0,50 centigrammes de sels; mais à Bourbonne, dont l'eau renferme plus de 7 grammes de principes actifs par litre, les choses ne se passent plus de même.

Suivant les effets à produire, la durée du bain devra être prolongée ou diminuée. Quand il s'agira d'une reconstitution profonde du tempérament, quand le médecin est décidé à agir vigoureusement contre des lésions graves et anciennes, le bain durera une heure au moins avec une température élevée. Si, au contraire, l'affection est récente, si le traitement comporte d'incessantes précautions, la durée et la température du bain seront modérées. Dans l'un et l'autre cas, les malades intelligents suivront les conseils d'un médecin exercé.

A Bourbonne, nous fixons entre une demi-heure et une heure les limites ordinaires du bain.

L'établissement thermal renferme des cabinets avec baignoires et des piscines. Les malades qui occupent les piscines s'améliorent en général mieux et plus vite que ceux qui baignent en cabinet, d'où quelques-uns ont conclu naturellement, que les piscines, grâce au renouvellement incessant, à la masse plus grande, et à la température uniforme de l'eau, offraient de sérieux avantages. Je crois qu'il n'en est pas tout à fait ainsi. A mon avis, les habitués des piscines doivent une bonne partie de l'amélioration qu'ils obtiennent, aux conditions supérieures d'hygiène, de repos et de nourriture où ils se trouvent, comparées à celles dont ils jouissent chez eux. Ils appartiennent, en effet, presque tous aux classes travailleuses et peu aisées de la société.

Les eaux faiblement minéralisées de Plombières, Bains et Luxeuil nécessitent des bains de deux ou trois heures; à Bourbonne, il est rare qu'on dépasse une heure. Trois heures dans une baignoire isolée, c'est trop long; en nombreuse compagnie dans une piscine, c'est supportable. Est-ce à dire que le cabinet est préférable à la piscine, oh non! Il est tout simple que les personnes délicates, et elles sont nombreuses en ce siècle de raffinés, accepte le bain de piscine de l'établissement de Bourbonne avec répugnance, mais si on disposait comme à Plombières de jolies vasques en marbre, de dimensions moyennes, permettant des mouvements assez étendus, d'un entretien irréprochable, avec un renouvellement d'eau établi, de façon que le bain soit pendant toute sa durée à une température constante, je n'hésiterais pas à le conseiller dans la majorité des cas.

Les bains locaux sont peu usités à Bourbonne, parce que les maladies qu'on y rencontre dépendent presque toutes d'un trouble diathésique de l'économie. Plusieurs médecins les préconisent contre quelques entorses, certaines caries; quant à moi, je les proscris énergiquement, je ne leur reconnais que le fâcheux inconvénient de congestionner des tissus déjà trop engorgés.

Les précautions à prendre pour entrer et sortir du bain tempéré sont insignifiantes. Il est important de procéder lentement, de tâter l'eau en quelque sorte des bains chauds, et d'appliquer une compresse imbibée d'eau froide sur la tête des personnes, dont le cerveau est impressionnable.

Ne dormez, ni ne lisez dans le bain, mais frictionnez et agitez les parties malades. Rappelez aux gens de service qu'ils doivent tous les quarts d'heure s'assurer de la température de votre bain, et le réchauffer s'il y a lieu. Quand vous serez prêt à sortir du bain, que votre peignoir bien chaud soit à votre portée ; enveloppez-vous aussi bien que possible pour traverser les corridors qui conduisent à la douche.

Douche.

On donne le nom de douche à une colonne d'eau plus ou moins intense qui vient frapper avec une force calculée tout ou partie du corps.

La douche se prend à Bourbonne après le bain; dans les stations pauvres en sources minérales, on la reçoit avant ; de sorte que l'eau qui a servi à la douche constitue le bain. La méthode que nous suivons est préférable, car l'excitation de la douche étant plus forte que celle du bain, elle doit venir après, un traitement rationnel devant toujours procéder par gradation.

La douche agit d'une façon complexe, par les qualités de l'eau, minéralisation et température, et par action dynamique. Le choc de la colonne d'eau sur les tissus exerce une sorte de massage éminemment favorable.

Pendant l'application, les muscles seront mis dans le relâchement le plus complet, aussi, conseillons-nous la position couchée, sur le matelas destiné à cet usage. Je dirai en passant qu'il n'existe peut-être pas en France de station où on applique la douche aussi bien qu'à Bourbonne, cette supériorité est incontestablement due aux travaux de M. Renard sur cette matière.

La douche doit être un peu plus chaude que le bain qui l'a précédée, elle sera toujours dirigée par un doucheur. Placé à la partie supérieure du cabinet, celui-ci manœuvrera le tuyau sur les indications du malade quand celui-ci a été instruit par un médecin; dans le cas contraire, le patient fera bien de s'en rapporter aux personnes chargées de ce service, elles sont toutes parfaitement exercées.

Il est convenable de terminer la douche par les pieds afin d'éviter les maux de tête qui ne sont pas rares à la suite de son application. Cette précaution est nécessaire chez les hémiplégiques, il est utile également d'augmenter brusquement la chaleur de l'eau dans cette dernière période du traitement.

La température du bain doit être constante, autant que possible, pendant toute sa durée; pour la douche, c'est différent, il est utile d'élever progressivement sa chaleur depuis le commencement jusqu'à la fin, surtout dans les affections atoniques.

La durée de la douche est de cinq à vingt-cinq minutes; comme pour le bain, elle sera d'autant plus prolongée que l'excitation devra être plus grande ; quant à sa direction, elle a lieu presque toujours de haut en bas, elle est alors dite descendante ; l'eau tombe perpendiculairement sur les parties malades après avoir arrosé préalablement les membres supérieurs et inférieurs, ne pas oublier que le doucheur doit constamment imprimer au jet desmouvements de va et vient, cette précaution est indispensable pour éviter toute congestion partielle.

La douche se donne aussi latéralement et encore de bas en haut, elle est alors ascendante.

La douche est dite par réverbération ou réflexion quand au lieu de frapper directement les tissus elle est dirigée sur une planche inclinée de façon à renvoyer l'eau en rosée sur les parties délicates, comme la face, la poitrine, etc. Cette même planche est encore utilisée pour préserver le tronc de l'action de la douche, quand le malade couché sur le côté reçoit le jet sur le membre supérieur ; il est indispensable d'éviter que le foie, le cœur, les reins et en général tous les organes thoraciques et abdominaux soient trop violemment excités par l'action dynamique de la douche; j'ai observé avec M. Renard, il y a deux ans, chez M. M..., de Dreux, le retour de coliques hépatiques dû vraisemblablement à des douches trop fortes.

Quand les membres sont tuméfiés ou douloureux,

il est utile de les envelopper d'une bande ou d'une compresse afin de diminuer l'intensité du choc. Je conseille également de diriger dans certains cas spéciaux le canal de manière à frôler en quelque sorte les membres et le tronc, le doucheur étant placé en avant ou en arrière du malade.

La douche se prend en arrosoir, en demi et grand canal et en lame. L'arrosoir est percé de trous variables en nombre et en calibre. On débute presque toujours par l'arrosoir le plus fin et rapidement on arrive au demi-canal, en passant quelquefois par les pommes à trois et cinq trous. L'arrosoir agit principalement sur la peau dont il excite vivement les fonctions circulatoire et secrétoire, d'abord anesthésiée, la sensibilité s'exalte dans la réaction.

Le canal s'adresse surtout aux muscles qn'il prépare à remplir convenablement leurs fonctions physiologiques On passe au demi-canal vers le cinquième jour, au grand vers le dixième. J'ordonne la lame dite douche transversale à la fin du traitement, elle est plus forte et dépense plus d'eau que les précédentes.

La douche latérale convient aux hémiplégiques, elle permet de doucher le malade assis ou debout, le doucheur placé près de lui, l'aide à exécuter les mouvements indispensables.

La douche ascendante est dirigée contre le périnée en arrosoir ou en un jet plus ou moins fin, quelque fois le tube est introduit dans le rectum ou le vagin, c'est alors qu'il faut modérer avec précaution le courant d'eau. L'affaiblissement et la paresse de l'intestin, de l'utérus, etc., peuvent être améliorés par cette manière de faire à laquelle je reviendrai plus tard.

La douche auriculaire est appliquée avec un appareil spécial contre la surdité, symptomatique d'états morbides particuliers.

La douche écossaise est alternativement chaude et froide, elle est utile contre plusieurs formes de névralgies et de paralysies.

On a l'habitude à Bourbonne de se couvrir la tête d'un bonnet de toile cirée ou d'un casque en fer blanc, pendant la durée de la douche, afin d'empêcher le contact des cheveux avec l'eau salée. Quelques médecins s'insurgent contre cette mode qui n'a pas je crois, tous les inconvénients qu'on lui reproche; je conseillerai par exemple aux hémiplégiques de préférer une compresse imbibée d'eau froide placée sur le front.

Tibault ordonnait très-souvent la douche sur la tête « sur le devant là où se rencontrent les deux sutures coronale et sagittale, contre le catarrhe, céphalée, pour ceux qui ont quelques signes avant-coureurs d'épilepsie ou d'apoplexie ; au contraire pour la stupeur, paralysie et débilité des nerfs, il la faut appliquer sur la partie postérieure de la tête et sur la nuque ou chainon du col. » Cette pratique a complètement disparu, on évite aujourd'hui avec raison le choc de l'eau chaude sur la tête et les parties voisines.

Voici les dimensions des ouvertures de toutes les douches, prises à l'hôpital militaire avec le gabarit.

BOUTS DE LANCE.

A plein canal,	4	diam.	7.	8.	9.	10.	millim.
Demi canal (ancien).	2	—			5.	6.	—
— (nouveau).	3	—		4.	5.	6.	—
En arrosoir de 6 à 10 trous,	1	—				3.	—
— 20 trous et au-dessous,	1	—				2.	—
— à une infinité de trous,	1	—				1.	—
— à cul de dé (nouveau),	1	—				1.	—
En lame-plat et circulaire, (nouveau),	2	—			2.	3.	—
— double biseau,	2	—			2.	3.	—

Ascendante 4 canules pour l'usage interne,

Débit des douches par minute :

A plein canal, 18 litres par minute.
Demi-canal, 13 —
Arrosoir, 15 —
Lame, 15 à 22 —
Ascendante, 14 —

Etuves.

Les bains de vapeur étaient largement utilisés par les Romains, comme ils le sont encore aujourd'hui par les Orientaux. Depuis longues années, les médecins français négligent leur emploi, à tort peut-être, car l'active stimulation des fonctions de la peau est particulièrement utile contre les rhumatismes invétérés et les névralgies.

A peine entré dans l'étuve, le malade éprouve une grande gêne de la respiration, des palpitations et quelquefois même des étourdissements. Ces symptômes disparaissent vite et sont remplacés par un sentiment de bien-être et une sudation abondante.

Il est convenable, après être resté de quinze à vingt minutes dans la vapeur d'eau, de prendre un grand bain. Les pores de la peau, largement ouverts, sont alors capables d'une grande absorption.

A l'hôpital militaire, les deux cabinets d'étuves sont mieux tenus qu'à l'établissement civil, malheureusement la source ne donne qu'une vapeur à 44°.

FOMENTATIONS.

Sont d'un usage journalier chez les habitants de Bourbonne, quand ils sont atteints d'entorses, contusion, etc. Les tumeurs blanches et les hydarthroses, les inflammations chroniques du périoste et des os peuvent s'en bien trouver, à la condition que l'eau ne sera pas trop chaude.

INJECTIONS.

Quand elles se font dans les cavités naturelles, on leur donne le nom de douches ascendantes rectale, vaginale ou auriculaire. Si elles ont lieu dans le trajet de fistules accidentelles suite de carie, nécrose, etc., elles conservent le nom d'injections.

GARGARISMES ET PULVÉRISATION.

L'amygdalite chronique peut être améliorée par des gargarismes répétés d'eau minérale. Quant à la pulvérisation, j'ai eu à l'employer une fois, avec le pulvérisateur Mathieu. J'avais prêté mon instrument à un infirmier atteint de laryngite chronique en conseillant l'eau Bonnes. Ce traitement ne produisit aucun résultat ; j'engageai alors mon malade à remplacer l'eau Bonnes par l'eau de Bourbonne, il s'en trouva mieux, et s'il ne guérit pas, il fut néanmoins sensiblement amélioré.

C'est une expérience à refaire.

Boues.

Les boues s'emploient dans les mêmes circonstances que les fomentations, mais avec plus de succès.

La pression exercée par le cataplasme de boues minérales et l'excitation locale que produit son contact sur les tissus, sont utilisées principalement contre les engorgements qui avoisinent les fistules suppurantes, conséquences de coups de feu ou de caries osseuses.

Le limon végétal des sources n'a jamais été employé à Bourbonne. M. Bompard y a constaté cependant un excès considérable de peroxyde de fer et d'oxyde mangano-manganique. C'est une expérience thérapeutique qui a sa raison d'être.

CHAPITRE IV

HYGIÈNE DES BAIGNEURS

Hygiène morale.

Il n'est pas une fonction de l'organisme qui ne soit favorisée par le contentement de l'esprit ; il n'en est pas une qui ne souffre, quelquefois cruellement, de l'état moral opposé. La tristesse, l'ennui feront avorter trop souvent une amélioration probable. Il est tout simple que l'éloignement de la famille et du milieu ordinaire, l'inquiétude du résultat de la cure thermale, les douleurs et les infirmités journalières disposent à la tristesse. Le médecin intelligent cherchera par tous les moyens en son pouvoir à prémunir ses clients contre l'ennui ; il devra, s'il le peut, leur faciliter la vie et les relations à Bourbonne, leur rendre tous les petits services qui ne sont rien pour lui et beaucoup pour eux, leur indiquer des buts de promenade ou d'excursion, ainsi que les distractions qui conviennent à leurs goûts et à leurs habitudes.

Les sites de Bourbonne et des environs sont gais et faciles à explorer ; j'ai cité en leur place les promenades et les excursions à faire ; le jardin de l'établissement est délicieux, on y trouve toujours une société choisie et agréable ; les salons, le jour et le soir, offrent des divertissements fort appréciés, même des personnes les plus sérieuses ; la table d'hôte n'est pas sans charme, et plus que tout cela encore l'amélioration, que le malade voit naître et se développer chaque jour, devra singulièrement le disposer à se réjouir et à voir en beau notre pays, le présent et l'avenir.

Hygiène physique.

Habitation. — Un malade ne devrait jamais venir à Bourbonne sans avoir à l'avance assuré son logement. En effet, pressé de s'installer, il prendra presque toujours la première chambre venue, où il se trouvera mal peut-être, mais l'ennui de chercher la lui fera accepter quand même. Rien de plus simple pour les fonctionnaires que de s'adresser aux personnes pourvues d'emplois analogues à Bourbonne. Tout le monde ici sera charmé de faciliter l'installation du premier venu qui sera peut-être un ami le lendemain.

Les chambres devront naturellement être au rez-de-chaussée pour les paralytiques, spacieuses pour tout le monde, bien aérées, exposées autant que possible au levant, à cause de l'heure matinale à laquelle on se lève, un rayon de soleil rend la sortie du lit moins pénible et permet d'ouvrir les fenêtres pendant les deux heures que le malade passe chaque matin à l'établissement. Les chambres, à Bourbonne, sont parfaitement tenues, je ne leur reprocherai que l'excès de mobilier, je ne voudrais voir dans chacune qu'un très-bon lit avec sommier, une toilette, une table, une commode, trois chaises cannées et un fauteuil, le tout en bois blanc. A quoi servent dans une chambre garnie, ces tapis, ces tentures, ces tableaux par trop fantaisistes, toutes choses que l'on apprécie chez soi mais pas du tout à l'hôtel. Ce qui est simple est facile à entretenir et je suis convaincu que les logeurs trouveront dans mon idée un sujet important d'économie et les malades des chambres selon leur goût.

Je terminerai en citant l'excellent axiôme de Londe, « point de lampe, point d'animaux, point de fleurs dans une chambre à coucher. »

Vêtements. — Les changements de température à Bourbonne sont brusques et souvent inattendus, ils saisissent désagréablement même les personnes les plus habituées à ces revirements soudains, dus à la proximité des montagnes.

Le baigneur soucieux de sa santé, devra donc se munir de vêtements chauds. S'il est atteint de douleurs ou de rhumatismes, le caleçon et le gilet de flanelle ajustés sont de rigueur et aussi les genouillères, les manchettes, etc.; il ne devra de plus jamais se vêtir à la sortie de la douche sans que ces accessoires obligés de sa toilette aient été chauffés avec son peignoir, car la peau encore humide peut, dans le vallon où est construit l'établissement thermal, se trouver en présence d'un courant d'air froid, surtout à cinq ou six heures du matin, et en ressentir les dangereux effets.

Les soirées sont également à redouter. Le ruisseau de Borne, qui traverse le quartier habité de préférence par les baigneurs, refroidit singulièrement l'air aussitôt le soleil couché ; les précautions à prendre le matin sont aussi indispensables dans les promenades du soir. Le bas Bourbonne est dans la journée plus chaud que le haut, le contraire existe après huit heures du soir. Cette différence est extrêmement sensible, aussi voyez-vous les Bourbonnais prévoyants qui descendent au jardin, porter sur leur bras un manteau ou un pardessus qu'ils seront heureux de placer sur leurs épaules après neuf heures.

Aliments. Certains malades se font servir chez eux, dans leur chambre, c'est là une détestable habitude. Il est indispensable que les personnnes qui se trouvent éloignées de leur famille et de leurs affaires ne s'ennuient pas ; or y a-t-il rien qui dispose à l'ennui comme un repas pris solitairement. Je recommande expressément à mes malades de se distraire à Bourbonne autant que possible, de faire de nouvelles connaissances, et y a-t-il de meilleure occasion que la table d'hôte, là on oublie généralement ses maux pour un moment au moins. Une société aimable est un excellent adjuvant du traitement thermal, car elle dispose à la gaieté et à l'appétit.

Tout en rendant justice comme ils le méritent, aux efforts des hôteliers, je reprocherai cependant à leurs tables la trop grande abondance de mets ; trois sont suffisants, je crois, surtout quand ils sont bien préparés.

Les nouveaux venus sont surpris de la saveur épicée des aliments qu'on leur sert; quand ils auront pris plusieurs bains, qu'ils seront salés, en un mot, peut-être seront-ils les premiers à trouver fade ce qui leur semblait d'abord par trop assaisonné. Le chef de l'hôpital m'a dit plusieurs fois que chaque jour il était obligé d'ajouter davantage de sel et de poivre dans les mets et que les officiers trouvaient encore la progression trop lente. Incidemment, j'ajouterai que les sels de nature variée qui entrent dans la composition de l'eau minérale de Bourbonne pourraient être employés en cuisine au lieu de sel commun, on aurait ainsi un médicament précieux et un condiment agréable. M. Bompard a composé jadis des pastilles avec ces sels, mais il a eu peu de succès. Je conseillerais volontiers de vendre au lieu de pastilles le sel lui-même.

Cette idée qui a été émise pour la première fois par M. Millon, est aujourd'hui utilisée, au grand avantage des personnes lymphathiques, par M. Bompard.

Est-il bien nécessaire de prévenir les jeunes gens de ne pas prendre trop de café, bière ou liqueurs, de passer moins de temps à l'estaminet, davantage à la promenade ; si je donne cependant ce conseil à nos braves officiers, c'est, qu'ils en soient sûrs, aussi amicalement que possible.

Emploi de la journée. Levez-vous après le soleil, quand la rosée a disparu en grande partie, vers six heures par exemple. Le traitement minéral vous occùpera de six à huit. Après avoir pris le verre d'eau traditionnel, si vous êtes infirme, malade ou paresseux, allez vous coucher; dans le cas contraire, promenez-vous doucement ou lisez les journaux. De dix à onze déjeuner ; souvenez-vous ensuite de l'axiôme de Salerne *post prandium sta*, ce qui veut dire asseyez-vous au salon de votre hôtel, prenez du café s'il vous agrée, faites de la musique ou rien encore, puis remontez chez vous, là vous passerez votre temps à écrire ou à dormir, suivant les dispositions du moment.

De trois heures à six, les dames s'il fait très-chaud, se réuniront sous les tilleuls du jardin en un cercle aussi nombreux que possible, un ouvrage de tapisserie, de broderie ou tout autre que j'ignore sera le motif apparent de l'asssemblée, je ne puis dire la raison vraie sous peine d'être accusé de médisance. Les hommes se promèneront, trouveront sans peine le moyen de s'occuper.

Il est bon d'engager certains malades à placer au soleil, dans l'après-midi, leurs membres paralysés ou douloureux, le reste du corps demeurant dans l'ombre. Je ne doute pas que ce moyen, aussi simple que facile à employer, ait rendu service à un grand nombre de mes clients paraplégiques. Il va sans dire que si les membres sont ordinairement refroidis, le *bain de soleil* sera plus efficace encore, il ne devra pas se prolonger trop longtemps.

Après le dîner qui a lieu de six à sept heures, je conseille une promenade, puis une réunion générale au salon des bains; la danse, la musique, sont des distractions que je ne recommanderai jamais assez. S'il fait un temps supportable, n'oubliez pas les excursions que j'ai indiquées, à pied ou en voiture, elles favoriseront singulièrement l'amélioration demandée aux eaux.

Hygiène consécutive à l'usage des eaux. Rentrés chez eux, les malades sont pressés de mettre ordre à leurs affaires négligées pendant leur absence, ils se donnent plus de mouvements que n'en comporte la position particulière où ils se trouvent.

Je divise en deux périodes le temps qui s'écoule après le départ de Bourbonne. Dans la première, les eaux continuent à agir, leurs effets consécutifs sont tellement notoires que personne ne les nie plus. Quand ils doivent se produire, c'est en général immédiatement après le retour; ils ne se font guère sentir que pendant un temps égal à celui de la cure thermale. Cette première période est l'époque du repos physique et moral et surtout des précautions hygiéniques. En même temps, on devra renoncer à tout traitement actif, sauf un qui réussit merveilleusement après l'usage des eaux, je veux parler du bromure de potassium dans les affections articulaires. Il est clair que je n'appelle pas traitement actif quelques frictions aromatiques avec l'eau de Cologne ou la teinture de cannelle, moyen que je conseille volontiers. C'est seulement dans la seconde période, quand la maladie est livrée de nouveau à elle-même, que le traitement interne, les bains sulfureux, l'électricité, etc., pourront être employés avec fruit.

TROISIÈME PARTIE

THÉRAPEUTIQUE. — MALADIES TRAITÉES

CHAPITRE PREMIER

INDICATIONS ET CONTRE-INDICATIONS DU TRAITEMENT MINÉRAL

J'ai dit que les eaux minérales de Bourbonne étaient toniques reconstituantes, excitantes générales et altérantes.

Cette simple énonciation indique immédiatement le rôle qu'elles sont appelées à remplir dans la thérapeutique.

En effet, quelles sont les affections qui comportent cette triple action ? Quelles sont les maladies qui nous présentent un appauvrissement marqué de la constitution avec indication d'un traitement reconstituant ? Où trouverons-nous cette atonie persistante dont une vive excitation seule peut triompher? Et ce sang épais dont la circulation trop lente nécessite l'usage des altérants? où trouverons-nous tout cela, sinon dans les maladies chroniques.

Les progrès de l'hydrologie médicale sont tels depuis vingt ans, qu'il n'existe en quelque sorte pas une affection chronique qu'on ne puisse améliorer par l'emploi des eaux minérales. J'ai indiqué en commençant ce livre la spécialisation actuelle des différentes stations, j'invite le lecteur à s'y reporter pour vérifier l'exactitude de cette assertion.

Grâce à une observation médicale attentive secondée par des inductions sérieuses tirées des sciences physiques et chimiques, grâce aux travaux de nos devanciers et aux conseils de nos contemporains, nous nous croyons en mesure d'établir une nosographie à peu près complète des affections qui pourront trouver à Bourbonne soulagement et guérison. Le cadre est-il définitif? C'est douteux. Quelques maladies que nous recevons aujourd'hui trouveront peut-être mieux demain en France ou en Allemagne, certaines autres plus complètement étudiées seront sans doute dirigées sur notre station et en recueilleront les précieux effets. Déjà même, un vieux médecin, jeune praticien à Bourbonne, estime que nos eaux peuvent guérir la *tuberculose naissante*. J'engage mes confrères à envoyer leurs phthisiques aux Eaux Bonnes, jusqu'à mieux informés.

L'application méthodique des eaux de Bourbonne peut et doit améliorer ou guérir les maladies suivantes.

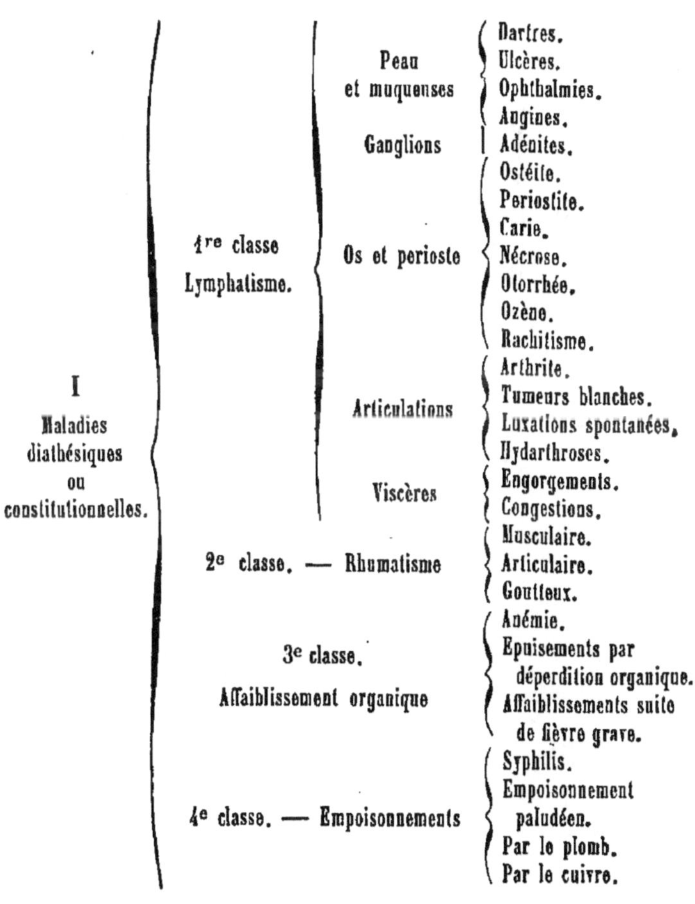

- I. Maladies diathésiques ou constitutionnelles.
  - 1re classe. Lymphatisme.
    - Peau et muqueuses : Dartres. Ulcères. Ophthalmies. Angines.
    - Ganglions : Adénites.
    - Os et perioste : Ostéite. Periostite. Carie. Nécrose. Otorrhée. Ozène. Rachitisme.
    - Articulations : Arthrite. Tumeurs blanches. Luxations spontanées. Hydarthroses.
    - Viscères : Engorgements. Congestions.
  - 2e classe. — Rhumatisme : Musculaire. Articulaire. Goutteux.
  - 3e classe. Affaiblissement organique : Anémie. Epuisements par déperdition organique. Affaiblissements suite de fièvre grave.
  - 4e classe. — Empoisonnements : Syphilis. Empoisonnement paludéen. Par le plomb. Par le cuivre.

Groupe	Classe	Affections
II Maladies des centres ou des cordons nerveux.	1re classe. Dépression ou paralysie	Hémiplégie. Paraplégie. Paralysie générale. Paralysie localisée.
	2e classe. — Trouble fonctionnel	Ataxie.
	3e classe. Exagération ou névralgie	Faciale. Sciatique. Intercostale, etc.
III Maladies chirurgicale. Traumatismes.		Entorses. Luxations. Fractures. Contusions. Blessures. Cicatrices. Congélations. Ankyloses. Hydarthroses.

Contre indications du traitement minéral.

Avant d'étudier les maladies qui trouveront à Bourbonne un traitement choisi, j'indiquerai les états morbides ou autres qui contre-indiquent formellement l'usage de nos eaux.

L'état de santé, d'abord, peut être désagréablement troublé par des bains et des douches intempestives trop longuement ou trop longtemps continuées. Que les personnes amies ou employées par les vrais malades prennent en une saison cinq ou six bains tièdes ou frais et courts et même quelques douches, je n'y vois aucun inconvénient, mais elles se tromperaient étrangement si elles pensaient faire provision de santé en suivant un traitement complet.

Parlerai-je des affections aigues? Tout le monde sait qu'elles s'aggravent à Bourbonne. J'arrive de suite à cette période spéciale à certaines maladies, qui n'est plus l'état aigu, mais n'est pas encore l'état chronique, c'est une sorte de répit, j'allais dire convalescence, mais le mot serait impropre, c'est le commencement d'une convalescence qui a bien un début mais dont la fin est indéterminée. Il faut se garder d'envoyer à Bourbonne les malades qui sont dans cette position délicate, nos eaux ramèneraient peut-être les accidents initiaux.

Il faut attendre la deuxième période ou période d'état chronique, quant à la troisième, le déclin, nous espérons bien en créer ici le commencement et apprendre un peu plus tard qu'elle est arrivée à son terme, la guérison.

En santé, au début, pendant et immédiatement après une affection aiguë, l'usage continué des eaux peut être funeste.

Les maladies organiques du cœur et des gros vaisseaux, du poumon et du cerveau, du foie et de la rate, des reins, de l'utérus et des ovaires; les névroses graves, le diabète, les hydropisies, etc., sont autant de contre-indications du traitement thermominéral. Le tact du médecin ordinaire l'aidera mieux que tout ce que je pourrais dire, à discerner l'opportunité du voyage.

Il existe certaines affections, des paraplégies surtout, arrivées déjà depuis plusieurs années à l'état chronique, et cependant accompagnées encore d'une sorte de fièvre permanente exagérée le soir. Les malades de cette catégorie ont peu ou pas d'appétit, nulle résistance contre le froid, le chaud ou la fatigue, les fonctions s'exécutent mal ou irrégulièrement. Pour les personnes placées dans ces conditions malheureuses, les eaux sont expressément contre indiquées, les voyages d'aller et de retour épuisent ces malades qui ne peuvent prendre ici que des douches insignifiantes, trop courtes et trop faibles pour amener la moindre amélioration.

CHAPITRE II

MALADIES TRAITÉES

1° Lymphatisme.

Le tempérament lymphatique exagéré peut donner lieu dans certaines circonstances particulières, à toutes les affections que j'ai énumérées et qui constituent dans mon tableau la première classe de maladies traitées à Bourbonne.

Le tempérament lymphatique domine chez les jeunes gens, on le trouve en général dans les races du nord, celles qui ne sont pas chaque jour vigoureusement chauffées par le soleil, ce grand excitateur des êtres, plus sûrement encore dans les familles méridionales subitement transplantées dans des climats humides et froids.

Le lymphatique a les cheveux blonds ou roux plutôt que noirs, la peau blanche, souvent d'une finesse et d'une transparence exquise, avec un incarnat qui donne à certaines jeunes filles une beauté exceptionnelle. Les conjonctives sont rosées, les yeux chassieux, les paupières collées le matin, les cils rares. Le nez gros, l'enchifrénement facile. Les lèvres fortes et pâles, les dents superbes mais friables. Les articulations grosses, les membres ronds sans reliefs, les muscles flasques et incapables d'un effort soutenu. Si, à ce portrait, s'ajoute l'engorgement des ganglions du cou, si une des manifestations que j'ai dites se prépare, médecins n'hésitez plus, envoyez à Bourbonne.

Les eaux chlorurées fortes dont Bourbonne est la plus haute acception agiront toutes efficacement contre le lymphatisme en activant la nutrition, en augmentant le mouvement d'assimilation et de désassimilation qui s'effectue en quelque sorte à chaque seconde dans chaque molécule du corps. Leur action tonique et excitante générale se développera dans toute son étendue si on prend le soin de recommander un traitement thermal prolongé, une alimentation choisie et des exercices réglementés.

Il y a vingt ans, les scrofuleux riches traversaient tous le Rhin; ils se rendaient à Nauheim, Kreuznach, etc. Il semblait aux médecins Français que la nature, qui a placé partout le remède à côté du mal ne pouvait l'avoir mis dans ce cas particulier ailleurs qu'en Allemagne.

Depuis, les études hydrologiques se sont complétées, le goût de l'exotique a diminué, on s'est convaincu enfin qu'à Bourbonne, Balaruc, Bourbon-l'Archambault, la Bourboule, Uriage, les résultats étaient égaux si non supérieurs à ceux que fournissait l'étranger.

Que la scrofule soit subaigüe et sthénique ou chronique et torpide, que ses manifestations se produisent chez des individus sanguins ou franchement lymphatiques, les eaux de Bourbonne sont indiquées. Le traitement variera d'intensité suivant les cas, c'est au médecin à juger les malades et à estimer les applications qui leur conviennent.

Il est possible de changer un tempérament avec du temps, de la patience, et un traitement bien dirigé. Les tempéraments sanguins, nerveux, bilieux alliés au tempérament lymphatique sont excellents, le tempérament lymphatique pur est médiocre, exagéré il devient détestable.

En effet, il donne à l'organisme un cachet déplorable de faiblesse, aux affections une durée interminable et une forme désastreuse. Ajoutons encore la transmission par hérédité de toutes ces dispositions.

Un père de famille, un médecin soucieux de la santé des personnes qui lui sont confiées, luttera énergiquement contre cet état qui n'est ni la santé, ni la maladie, mais qui peut devenir l'un ou l'autre selon la direction qui lui sera imprimée.

Je n'hésite pas à dire que les eaux de Bourbonne sont excellentes pour aider à cette transformation désirable, leur emploi méthodique rendra les plus grands services, on l'ignore trop. Le traitement sera long, il devra être interrompu plusieurs fois ; trois saisons de vingt et un jours chacune me semblent nécessaires pour planter les premiers pieux d'une barrière solide, qui deviendra infranchissable aux manifestations scrofuleuses après deux ou trois années de soins bien entendus.

Les enfants ou jeunes gens lymphatiques dirigés sur Bourbonne se muniront d'une vaste chambre au midi ou au levant, au premier étage, ils se lèveront de bonne heure et prendront un bain prolongé et tiède, un grand verre d'eau ensuite, une douche courte et chaude et encore un ou deux grands verres d'eau. En rentrant chez eux, vers sept heures, ils déjeuneront légèrement avec des œufs ou de la viande froide, arrosée de vin généreux ; ils se promèneront ensuite au soleil jusqu'à l'heure du déjeuner de la table d'hôte. Je ne vois aucun inconvénient à faire suivre le déjeuner d'un peu de café ou de liqueur. Je vois un immense avantage au plaisir que procure la vie en commun. Donnez à vos commensaux et recevez d'eux la plus grande somme possible de plaisir et de distractions.

Aux heures les plus chaudes de la journée, jeunes gens qui vous êtes levés de bon matin, reposez-vous, dormez de une heure à trois. Puis allez au jardin des bains, et, en passant devant la buvette, n'oubliez pas de boire encore un verre d'eau, toujours le grand; promenez-vous ensuite lentement; après le dîner, réunissez-vous au salon des bains, dansez, chantez, amusez-vous autant que vous le pourrez jusqu'à dix heures, je permets onze heures, mais le jeudi et le dimanche seulement.

Croyez bien que sous une forme légère je vous donne des conseils sérieux.

Du plaisir, des promenades à pied et en voiture, de l'exercice sans fatigue. Insistez, je le répète encore, sur le bain qui durera une heure et tiède, faites le couper, s'il vous excite trop ; sur l'eau en boisson, buvez suivant l'âge et la constitution de un quart à un litre et demi et même deux litres, si cette dose peut être supportée. Quant à la douche, dix minutes

9.

suffiront si elles sont bien employées, c'est-à-dire avec un jet vigoureux et l'eau à 45°.

MANIFESTATIONS DU LYMPHATISME.

Les manifestations du lymphatisme s'exercent sur tous les organes, il n'en est pas un dont elles ne puissent profondément modifier les fonctions.

La peau et le tissu cellulaire sous-cutané présentent souvent des éruptions et des ulcérations particulières ; le traitement doit être dirigé contre les causes, contre l'origine même de l'affection qui est le tempérament lymphatique, je viens d'en parler, je n'ai donc pas à y revenir.

Les dartres strumeuses s'améliorent parfaitement à Bourbonne, l'eczéma et l'impétigo, le psoriasis et l'herpès chroniques, le lupus et le rupia, trouvent dans nos eaux un traitement rationnel et efficace. J'en dirai autant des ophthalmies et des angines scrofuleuses. Les applications locales, sans être insignifiantes, sont loin d'égaler en importance le traitement général, on ne devra pas cependant les négliger. La douche en arrosoir, promenée doucement à la surface des ulcères, déterminera une excitation inflammatoire favorable, sous son influence la plaie prendra un meilleur aspect et se couvrira de bourgeons charnus, les bords se détergeront et s'abaisseront en même temps que le centre s'élèvera progressivement en bonne voie de cicatrisation.

Adénites. Les eaux chlorurées dans les cas légers produisent la résorption des engorgements ganglionnaires ; elles font quelquefois disparaître spontanément les abcès sous-cutanés, elles activent toujours leur marche trop lente. Quand le pus est évacué elles rendent facile la cicatrisation régulière du foyer et des fistules. Il peut être utile de faire usage de fomentations d'eau et de cataplasmes de boue minérale, c'est au médecin à en estimer l'opportunité. J'en dirai autant des injections dirigées contre l'ozène et l'otorrhée.

Les systèmes osseux et articulaire présentent trop souvent des altérations nombreuses et graves. Il est rare que les malades de cette catégorie n'aient pas essayé déjà les traitements les plus énergiques, il faut donc savoir qu'il y a ici des difficultés sérieuses mais non insurmontables.

L'*ostéite* et la *périostite* non suppurées demandent une application délicate et une surveillance active. Le travail inflammatoire sera observé de très-près, le médecin prendra garde qu'il ne s'exagère sous l'influence des eaux. De fréquents repos seront jugés nécessaires quand les douleurs augmenteront, surtout pendant la nuit, et encore si la partie affectée devient plus chaude ou plus gonflée.

La *carie* et la *nécrose* exigent un traitement plus énergique, les précautions seront indispensables toujours, mais moins sévères que précédemment. La grande abondance de la suppuration ne présente pas de dangers, il est même utile de la provoquer, aussi j'ordonne sans crainte des douches en arrosoir et même à plein canal, en surveillant leur action sur les parties malades. L'inflammation subaigüe, déterminée par l'action excitante des eaux, facilitera singulièrement l'élimination des esquilles, sans laquelle la guérison serait impossible ou illusoire. Les fomentations d'eau minérale refroidie et les cataplasmes de boue rendront des services si on a la patience de prolonger la durée de leur application. Quoiqu'on fasse, les manifestations locales seront modifiées dans les mêmes proportions que l'état général lui-même.

Le *rachitisme* et l'*ostéomalacie* sont rares à Bourbonne comme partout, j'en ai vu cependant des exemples, et, qui plus est, une certaine amélioration. L'eau à l'intérieur, à dose purgative, tous les deux ou trois jours, le bain et la douche prolongés, avec des toniques en excès, donneront quelquefois de bons résultats.

Tumeurs blanches. Les affections de ce genre se divisent en deux catégories bien tranchées, les unes siégent uniquement dans les tissus fibreux et séreux de l'articulation, c'est le premier degré de la maladie, les os sont intacts et ne se prendront qu'au bout d'un temps plus ou moins long, et par suite de l'extension de proche en proche du travail inflammatoire. Ces gonflements peri-articulaires guérissent assez facilement à Bourbonne, quand ils ne sont pas trop anciens et que la constitution n'est pas trop détériorée.

Lorsque les os eux-mêmes sont enflammés, le but du médecin doit tendre vers une ankylose rapide, afin d'abréger la durée de l'affection qui, prolongée, compromettrait presque toujours la vie du malade.

Il n'est pas facile de distinguer, au début, ces deux sortes de tumeurs blanches qui changent, du reste, de physionomie dans un temps souvent fort court. On doit chercher dans les antécédents, la constitution, le tempérament, des motifs de poser un pronostic plus ou moins favorable. Dans les deux cas, il faut tâter avec des douches légères la susceptibilité de la partie, on augmentera progressivement leur durée et leur force; souvent, au bout de quinze jours ou trois semaines de traitement, le médecin et le malade constatent une diminution dans le volume de l'article et la possibilité de mouvements nouveaux.

En écrivant ces lignes, j'ai présent à la mémoire le souvenir d'une jeune bonne, à laquelle j'avais appliqué, sans succès, pour une tumeur blanche du genou, de nombreuses pointes de feu. Je l'engageai à faire usage des eaux; elle prit des bains et des douches prolongées avec un résultat merveilleux; au bout d'un mois elle était guérie, à peine s'il restait un peu de raideur et de gonflement dans l'articulation. On conduisait cette fille en petite voiture quand elle commença son traitement, après la dixième douche elle put faire le trajet de son domicile, fort éloigné, à l'établissement. M. Renard, qui vit cette malade, fut, comme moi, heureusement surpris du succès qu'elle obtint.

Quand il y a suppuration des tissus, le pronostic est grave mais non désespéré. J'ai vu plus d'une fois, à l'hôpital militaire, des résultats incroyables, produits par l'application des eaux. De nombreuses fistules, entretenues par des lésions osseuses profondes, se tarissent chaque année à Bourbonne, et une guérison, au moins relative, remplace souvent la carie, qui menaçait la vie des malades dans un avenir prochain.

L'*hydarthrose* et les *luxations spontanées* se trouvent également bien des bains et des douches; dans ce dernier cas on ne peut employer trop de violence dans l'application de la douche, afin de donner du ton aux muscles et aux ligaments chargés sinon de replacer la tête de l'os dans sa cavité, au moins de la maintenir dans son voisinage.

Les *engorgements des viscères* seront combattus efficacement par l'usage prolongé de l'eau à l'intérieur jusqu'à dose purgative. Les douches ascendantes devront également être judicieusement appliquées, enfin il sera quelquefois utile d'employer la douche par réverbération sur le ventre et les flancs.

Incidemment je dirai que M. Kuhn, de Niederbronn, recommande les eaux chlorurées à faible dose, c'est-à-dire à dose altérante et des bains prolongés contre les calculs biliaires ; ce médecin a obtenu de remarquables succès par la méthode qu'il indique. Il est manifeste qu'à Bourbonne nous serions en droit d'attendre des effets analogues. Je n'ai pas encore eu de malade de ce genre à observer.

En terminant ce premier chapitre des maladies constitutionnelles, je veux présenter une considération qui me semble essentielle dans le traitement des maladies chroniques dont le lymphatisme est la plus haute acception.

On a l'habitude, en France surtout, de s'occuper seulement des maladies venues, quand à celles qui menacent on aura bien le temps d'y penser plus tard. C'est là une grande erreur. Le traitement préventif des affections chroniques devrait être surtout employé, les eaux minérales feraient fonction d'une assurance parfaite contre les manifestations d'un tempérament héréditaire ou acquis. Une saison, chaque année, passée à Bourbonne, à Salins ou ailleurs, referait merveilleusement les constitutions prédisposées, et éteindrait souvent le germe de maladies graves et longues.

Chefs de famille et médecins, qui avez charge de santés compromises, réfléchissez à ceci : il est peu de maladies constitutionnelles qui ne puissent être prévenues par l'usage d'eaux minérales bien choisies. Considérez surtout l'hydrologie comme une science qui se rattache bien plus à l'hygiène qu'à la pharmacologie.

2° Rhumatisme.

De toutes les maladies qui se rendent à notre station, la plus fréquente est, sans contredit, le rhumatisme chronique.

Qu'il siége dans les articulations ou les muscles et les parties fibreuses, qu'il soit localisé ou erratique, accidentel ou héréditaire, externe ou interne, simple ou composé, le rhumatisme est une affection extraordinairement commune. Il s'améliore à Bourbonne avec une telle facilité, j'allais dire certitude, que l'on s'explique sans peine la vogue de nos eaux.

Le rhumatisme chronique est une entité morbide souvent indéterminée, son nom même laisse dans l'esprit de celui qui l'emploie un certain vague facile à comprendre, car on a décoré du nom de rhumatisme une quantité de maladies qui ont beaucoup de rapports quant à l'origine, mais qui ne se ressemblent guère quant aux manifestations. Il y a en effet une différence considérable entre un rhumatisme qui se traduit uniquement par une douleur localisée en un point quelconque, et un autre qui a produit une tuméfaction énorme avec déformation et altération articulaires, lésions qu'on rencontre trop souvent ici. Il existe d'infinies variétés entre ces deux manifestations, dont la gravité dépend de l'intensité du mal et souvent du tempérament du malade.

Les rhumatismes que nous recevons à Bourbonne sont toujours chroniques, nullement accompagnés de fièvre ou de désordres graves dans les viscères, particulièrement au cœur. Ils se traduisent par de la douleur dans les muscles ou les articulations avec ou sans gonflement des parties atteintes, ils sont presque toujours sérieux, occasionnés par le froid et dans tous les cas s'exacerbant quand cette cause originelle se produit de nouveau.

L'hérédité est une cause souvent invoquée, mais presque toujours incertaine, si elle est évidente le pronostic est grave, car toute maladie chronique héréditaire est sinon incurable au moins difficile à déraciner de l'organisme ; elle fait corps avec la constitution et il n'est pas d'obstacle qu'elle ne présente aux moyens thérapeutiques, qui entravent souvent sa marche, mais l'anéantissent rarement dans son germe. Quand, à l'hérédité manifeste, s'ajoute la durée, l'ancienneté de l'affection, on peut dire que les fondations sont solides et que le traitement sera long et pénible. Les moyens termes ne seront plus de saison, mais bien la violence ; la brutalité, si je puis m'exprimer ainsi, devra diriger le traitement : aux grands maux les grands remèdes.

Les rhumatismes qui ont fait élection de domicile chez les personnes lymphatiques seront admirablement combattus à Bourbonne, ce sont les plus graves, car ils sont presque toujours accompagnés d'appauvrissement général de l'économie; le retour facile de l'influence atmosphérique est encore à craindre, n'ayant pas à combattre une vive résistance organique, elle agira plus sûrement et plus profondément. Ceux qui affectent les tempéraments sanguins ou nerveux se trouvent également bien de l'usage des eaux, les résultats seront plus satisfaisants encore, la constitution étant moins atteinte, l'amélioration sera plus facile à produire.

Le rhumatisme est une affection constitutionnelle qui se traduit par des symptômes de congestion sur des organes souvent opposés. Les articulations sont endommagées chez celui-ci d'une douloureuse façon, chez cet autre ce sont les muscles des lombes, de l'épaule, du cou ou de la paroi abdominable. Un courant d'air, une sensation légère de froid sera suffisante pour produire, chez des individus prédisposés, des manifestations différentes. La douleur locale, les troubles fonctionnels, attireront certainement l'attention du médecin, mais qu'il n'oublie jamais la diathèse, la prédisposition permanente de l'organisme tout entier, aussi le traitement devra-t-il être autant général que local.

La congestion, et à un degré plus avancé l'inflammation articulaire, est la forme grave sous laquelle se traduit le rhumatisme, mais il en existe bien d'autres. En effet, quel est le rhumatisant qui ne se plaint pas de douleur de tête, de migraine, de trouble dans les fonctions du foie, de l'estomac, de l'intestin, d'hémorrhoïdes, et que sais-je encore. Il semble que tous les maux connus et inconnus s'appesantissent sur ces constitutions déplorables. L'excitation des eaux minérales fortes est indispensable pour diminuer ou faire disparaître définitivement cette lenteur dans le fonctionnement organique, elles seules pourront réveiller en les tonifiant les rouages de la mécanique humaine, prêts à s'engager dans cette gangue désastreuse qu'on appelle le rhumatisme. Plus tard, quand l'être tout entier a subi une altération profonde, causée par des manifestations répétées, durables et insuffisamment traitées, quand la cachexie rhumatismale se révèlera avec tous les désordres qui l'accompagnent, dans ce moment solennel où s'agite une question de santé, de vie même, les eaux de Bourbonne produiront encore ce miracle de rétablir ce stimulus qui manque partout, et sans lequel tout s'éteint et tout meurt.

RHUMATISME ARTICULAIRE

Le rhumatisme articulaire chronique est toujours constitutionnel, presque constamment il affecte une ou plusieurs articulations qui présentent en même temps dans leur voisinage des engorgements particuliers difficiles à méconnaître, par exemple, un épanchement dans la synoviale et autres symptômes frappant tout d'abord un œil exercé. Le rhumatisme chronique, qui ne laisse pas de trace tangible de son existence, est l'exception.

Le rhumatisme aigu est accidentel comme toute franche inflammation, mais s'il passe à l'état chronique, c'est que antérieurement ou postérieurement à l'accès, il s'est produit un trouble réel dans la constitution; il existe dorénavant une épine bien enfoncée dans l'organisme, sous la moindre influence extérieure, elle manifestera sa présence. Est-ce à dire pour cela qu'on ne peut qu'amender cette maladie et non la guérir ? je crois le contraire ; je pense fermement qu'un traitement bien conduit et des soins hygiéniques prolongés pourront expulser de l'économie jusqu'à la dernière trace de ce levain désastreux.

Le rhumatisme articulaire chronique est aggravé par le mouvement et le froid. Les régions endolories peuvent être gonflées et supporter le bain et la douche ; chaudes ou rouges, jamais.

Les fonctions s'exécutent assez bien dans le cours d'un rhumatisme chronique, cependant, quand les douleurs deviennent trop vives, l'appétit languit et le soir il se produit un léger mouvement de fièvre.

L'endocardite caractérisée par de la rudesse dans les battements du cœur, de l'oppression même, s'accompagnant ou non de légères tendances à la congestion cérébrale, n'est pas une contre-indication formelle de l'usage des eaux. Il sera utile, par exemple, d'en surveiller l'application et d'éviter le contact de la douche avec la paroi gauche de la poitrine. J'ai remarqué que sous l'influence du traitement minéral, les bruits du cœur reprenaient souvent leur douceur et le rhytme normal.

Quand le rhumatisme envahit un tempérament lymphatique, il a une fâcheuse tendance à s'y fixer définitivement et à produire des engorgements périarticulaires, quelquefois même une tumeur blanche si un traitement actif n'intervient pas. Quand au contraire, il se manifeste chez un individu pléthorique, il guérit le plus souvent assez vite et ne devient presque jamais chronique.

Il nous arrive le plus souvent de recevoir des rhumatisants lymphatiques, affectés de rhumatisme chronique d'emblée, à peine si au début il a existé un mouvement prononcé de fièvre, la forme asthénique domine depuis le début. Le rhumatisme chronique succédant au rhumatisme franchement inflammatoire est ici l'exception. C'est bien plus à une affection constitutionnelle qu'à une manifestation locale que nous avons affaire, je l'ai déjà dit et je le répète encore, car ce point est capital pour la bonne direction du traitement.

RHUMATISME MUSCULAIRE.

Il est difficile de distinguer le rhumatisme musculaire chronique d'une névralgie, l'erreur serait du reste peu grave, car un traitement identique est indiqué dans les deux cas. J'ajouterai, de plus, que certaines affections participent de l'un et de l'autre, et qu'elles méritent bien le nom de névralgie rhumatismale. Certains auteurs considèrent le rhumatisme musculaire comme une névralgie du muscle ; je persiste, quant à moi, à y voir une inflammation de la fibre elle-même. Plusieurs raisons dirigent mon appréciation, je reviendrai sur cette question à propos de certaines applications du galvanisme. Je dirai dès à présent que la contractilité électrique n'est jamais annulée quand la fibre musculaire est saine, et nous verrons plus tard que l'absence totale de contractilité est fréquente dans les muscles rhumatisés depuis longtemps.

Le rhumatisme musculaire est extrêmement douloureux, il condamne trop souvent les malheureux qui en sont atteints à une immobilité permanente, il n'est pas rare même de voir se produire la contracture des muscles et la paralysie du mouvement.

Je n'ai parlé jusqu'ici que de la forme grave du rhumatisme, quant à celle qu'on nomme trop légèrement la maladie des gens qui se portent bien, elle n'exige que des précautions hygiéniques, cependant, il est des rhumatisants ordinaires, et nous le sommes, hélas! presque tous, qui courent les rues pendant de longues années, et se voient un beau jour par un accès sérieux, forcés de prendre de réelles précautions contre de plus grands maux.

Le rhumatisme musculaire est essentiellement mobile et erratique, il dure un temps relativement assez court dans les muscles primitivement atteints, et passe sans transition dans des régions plus ou moins éloignées, il s'accompagne volontiers de troubles vésicaux et hémorrhoïdaires, signe certain d'une affection constitutionnelle.

J'ai peu de chose à dire sur les manifestations locales du rhumatisme musculaire. Il est fréquent à la *nuque* et souvent difficile à déraciner ; j'ai vu cependant l'année dernière un tambour-major qui fut singulièrement amélioré par les eaux et l'électricité, après vingt ans de souffrances.

Le *torticolis* se produit ordinairement pendant le sommeil à la suite d'une impression de froid ou une fausse position. Cet accident quand il dure plus que de raison disparaît sous l'influence de douches légères, surtout si on y ajoute le traitement électrique.

Le *lumbago* ou rhumatisme des muscles lombaires est un des plus fréquents. Comme toutes les affections du même genre, il est soulagé par la chaleur ; l'emploi de la ceinture de flanelle est donc indispensable. La douche doit être assez vive, mais il est à craindre qu'elle ne retentisse sur les reins et chez les femmes sur la menstruation, il faut donc surveiller attentivement son application.

La *pleurodynie* siégeant dans les parois thoraciques

a beaucoup de ressemblance dans sa marche et ses symptômes avec la névralgie intercostale, le traitement est du reste identique.

La *scapulodynie* affecte surtout le deltoïde, elle existe quelquefois avec une telle violence qu'il survient une atrophie marquée des muscles de l'épaule et la paralysie du bras. Cette complication que j'ai observée plus de vingt fois est toujours grave et comporte le traitement le plus énergique.

RHUMATISME VISCÉRAL.

C'est ordinairement sous forme de gastralgie ou d'entéralgie essentiellement mobiles que se manifeste le rhumatisme viscéral. Il existe ou non, en même temps, des douleurs bien accusées dans les muscles et plus rarement dans les articulations ; souvent encore il y a alternance, les manifestations des douleurs internes et externes se remplacent mutuellement. Dans tous les cas, l'emploi de bains prolongés sera précieux ainsi que l'usage des douches par réflexion.

Si le rhumatisme abdominal devenait grave, il serait urgent de produire une dérivation sur les muscles ou les articles ordinairement malades, mais améliorés provisoirement par l'exagération même des symptômes viscéraux. Dans ce cas il est convenable d'appliquer vigoureusement la douche sur les articulations dégagées trop promptement, et des cataplasmes sur le ventre. Les poumons sont souvent aussi le siége de congestions rhumatismales, les rhumatisants sont fréquemment oppressés, leur respiration est quelquefois assez embarrassée pour exiger de prompts secours; on a même prétendu que la phthisie pouvait être engendrée de toutes pièces par la diathèse rhumatismale. Ce fait s'explique très-bien, car le sang ne séjourne pas indéfiniment dans un organe sans y produire des concrétions qui peuvent fort bien dégénérer en turbercules.

RHUMATISME GOUTTEUX.

Au lieu du mot rhumatisme que je viens d'écrire, n'est-ce pas *Arthritis*, qu'il fallait plutôt mettre? Toutes les manifestations spontanément inflammatoires qui se produisent dans les articulations grandes ou petites n'ont-elles pas la même origine? La goutte et le rhumatisme ne sont-elles pas deux maladies sœurs auxquelles conviennent les mêmes moyens thérapeutiques?

Il y a cinquante ans, on trouvait autant de goutteux

que de rhumatisants à Bourbonne, depuis, les eaux sulfatées ont été vivement recommandées et avec raison, je me hâte de le dire, mais les eaux chlorurées ont vu par cela même disparaître cette importante clientèle, améliorée pendant des siècles par des eaux déclarées aujourd'hui pernicieuses.

L'arthritis se trouve bien des eaux chlorurées je le répète, et la goutte s'amende à Bourbonne, moins sûrement peut être que le rhumatisme, mais d'une façon satisfaisante quand elle se trouve dans certaines condition atoniques spéciales.

On a dit, je le sais fort bien, que les causes de la goutte et du rhumatisme étaient différentes; je n'ai nullement la prétention de le nier, je suis même parfaitement de cet avis. Ces deux manifestations de l'arthritis se produisent au détriment l'une de l'autre, suivant le régime de vie. Je crois que certains goutteux seraient simplement rhumatisants, si au lieu de s'asseoir longuement chaque jour à une table plantureusement servie, ils s'étaient livrés aux rudes travaux des champs. La goutte est le rhumatisme du riche. Quant aux troubles vésicaux, ils existent dans l'une et l'autre affection, plus sérieux dans la goutte, j'en conviens, mais observez les urines de vos rhumatisants et vous y trouverez presque toujours du sable rouge.

Le rhumatisme goutteux fait tout d'abord élection de domicile dans les petites articulations des mains et des pieds, principalement au gros orteil, il s'étend plus tard aux articulations du poignet et du coude pied. Un peu plus tard des concrétions plâtreuses dures et de forme indéterminée se développent autour de l'article endolori et gênent ses mouvements. Ce n'est pas la goutte mais bien la maladie voisine, elle s'en distingue par l'absence d'inflammation aiguë, de chaleur et de rougeur, il n'existe pas de désordres vésicaux graves, les douleurs sont moins exquises pour employer l'expression de Trousseau, mais plus permanentes.

Le rhumatisme goutteux et j'ajouterai la goutte chronique s'amélioreront parfaitement à Bourbonne, à une condition, c'est que ces deux maladies seront fixées dans une constitution lymphatique.

APPLICATION DES EAUX DANS LE RHUMATISME EN GÉNÉRAL.

Il n'est pas d'affection qui comporte une application des eaux plus différente que les variétés du rhumatisme. En effet, certaines douleurs anciennes nécessitent l'emploi d'un bain et d'une douche à haute température et prolongée ; d'autres au contraire demandent d'infinies précautions dans le traitement minéral ; le rhumatisme articulaire chronique récent par exemple, fixé chez un sujet impressionnable, comporte des ménagements et l'usage des eaux à température indifférente ; s'il est ancien, au contraire, le bain ne sera jamais assez chaud et la douche trop forte ; toute la cure est dans la manière d'appliquer le traitement. Il faut en même temps produire une sudation intense avec l'eau thermale *intus* et *extra*.

L'eau minérale dans le rhumatisme paraît agir par dérivation, elle appelle quand elle est très-chaude le sang à la peau et procure ainsi le dégagement des tissus sous-jacents ; de plus, le massage exercé par la douche est d'une incontestable utilité. Pour ce motif et d'autres encore, la douche est particulièrement utile contre le rhumatisme. Il est souvent convenable de la faire suivre de frictions et de malaxations des parties malades, afin de bien fixer la révulsion produite par la chaleur et le choc de l'eau sur la peau.

La douche devra être générale dans la plus grande partie de son application, les dernières minutes seules seront destinées aux parties endolories, et encore ne laissez pas le jet stationnaire sur l'articulation ou le muscle malade, car vous pourriez déterminer une congestion et même une subinflammation dont le moindre inconvénient serait d'entraver la cure. Il faut exiger du doucheur, je le répéterai toujours, un mouvement continuel de va et vient sur tout le membre, avec un arrêt à peine marqué sur la région douloureuse.

La douche est ordinairement, et à tort je crois, appliquée uniquement sur la partie malade et dans son voisinage. Certains médecins paraissent considérer son action comme uniquement destinée à combattre la manifestation diathésique ; quant au bain, ils pensent sans doute qu'il s'adresse seulement à l'état général. Il y a là une grave erreur, car la douche autant et plus que le bain est capable, lorsqu'elle est bien appliquée, de stimuler l'organisme tout entier ; elle devra donc être dirigée dans les deux tiers au moins de sa durée, sur toutes les parties du corps, les dernières minutes seules seront spécialement consacrées aux articulations et aux muscles malades. Je me fonde, pour recommander cette pratique avec autant d'insistance, sur l'impossibilité absolue où l'on est d'améliorer ou guérir une douleur rhumatismale localisée sans avoir préalablement amélioré ou guéri la constitution qui contient le germe, cause de tout le mal.

L'action des eaux quand elle s'exerce contre le rhumatisme doit être principalement dirigée sur la peau, c'est là qu'il faut appeler une suractivité de la circulation sanguine; il faut en même temps que les glandes sudoripares fonctionnent avec énergie ainsi que le système nerveux. Pour produire ces effets divers, la douche et le bain très-chauds sont indispensables ; comme moyen adjuvant précieux, n'oublions pas la flanelle chauffée avec le peignoir, elle prolongera après la douche la sudation cutanée *loco-dolenti*. Il n'est pas de rhumatisant que je ne condamne à la flanelle, presque tous me remercient après en avoir essayé.

Le réveil des douleurs sous l'action du traitement thermal est la règle, le malade doit s'y attendre, le médecin le désirer. Cette exacerbation se manifeste en général dans le courant du deuxième septénaire de la cure, du neuvième au douzième jour, plus tôt ou plus tard, suivant l'intensité du traitement. Je la regarde comme éminemment favorable, il faut chercher à la produire ; mais une fois venue, la surveiller de près, diminuer la durée et la thermalité du bain et complétement la douche, employer même des calmants à l'intérieur, et aucun n'est digne d'être comparé pour les effets au bromure de potassium. Quand cet accès diminue, il faut reprendre le traitement avec douceur et ne recommencer son active application qu'après tous les accidents passés. Les malades s'effraient de ce symptôme qu'ils considèrent comme défavorable, il est utile de les prévenir de sa probabilité et de son heureuse influence sur le résultat final de la cure.

Suivant la forme du rhumatisme et la constitution du malade, l'application des eaux augmentera ou diminuera de force et de durée. Quand dominera le tempérament lymphatique et que les lésions locales en subiront l'influence, le traitement complet bain, boisson et douche sera employé. Si au contraire il n'existe aucune complication lymphatique constitutionnelle, mais une lésion franche, articulaire ou musculaire chronique, la douche serait suffisante à la rigueur s'il n'était utile même dans ce cas de lutter encore contre la diathèse rhumatismale, moins difficile peut-être à détruire que précédemment, mais comportant toujours un traitement particulièrement actif.

Presque toutes les eaux thermales naturelles sont employées contre le rhumatisme. On indique ordinairement les moins minéralisées s'il s'agit de manifestations légères ou affectant des tempéraments nerveux et délicats ; quant aux eaux fortes comme celles de Bourbonne, on y recourt lorsque l'insuffisance des premières a été constatée. Il serait ce me semble préférable de les choisir tout d'abord, l'excitation qu'elles produisent serait toujours facile à modérer en diminuant la durée de leur application et surtout leur chaleur, avec ou sans addition d'eau commune.

3° Affaiblissements organiques.

Sous le nom d'affaiblissement organique, je veux étudier un état morbide, dont la durée est ordinairement longue et la cause accidentelle, affectant la constitution toute entière, mais n'étant sous la dépendance d'aucune diathèse, se traduisant par de la faiblesse et une débilité caractéristique persistant même quand la cause originelle a disparu.

L'excitation des eaux est utile pour combattre cet affaissement du système nerveux produit par la diminution des qualités du sang. En effet, le liquide nourricier par excellence ne possède plus la vitalité nécessaire, le stimulus indispensable, sans lequel périclitent chaque jour davantage les fonctions organiques.

L'affaissement constitutionnel dont je m'occupe est toujours accidentel, c'est, si je puis m'exprimer ainsi, une lésion de surface qui n'a pas de racine profonde dans l'économie et qui tend à disparaître naturellement, mais lentement, quand s'éteint la cause initiale. Si cette cause persiste au contraire, les ressorts de la vie s'usent, s'épuisent, et la mort triomphe un jour facilement d'une résistance anéantie à la longue.

Les états spéciaux qui se traduisent par de l'affaiblissement organique et contre lesquels on peut utiliser le traitement minéral, sont :

1° L'*anémie*, et j'entends par ce mot la faiblesse produite par une perte de sang ou l'insuffisance de ses qualités et non la chlorose.

2° L'*épuisement prématuré* de la jeunesse dû à une croissance trop rapide ou à des habitudes funestes et d'une fréquence déplorable.

3° L'*affaiblissement organique* produit par les maladies longues et surtout les fièvres graves.

ANÉMIE.

L'anémie est une affection commune aux deux sexes, se produisant instantanément sous l'influence d'une hémorrhagie abondante, ou lentement par une nutrition insuffisante. L'anémie, comme je l'entends, est donc caractérisée par la diminution de la masse du sang ou des éléments qui entrent dans sa composition. Il est certain que cette dernière cause est bien plus fréquente que la première, car la partie liquide se renouvelle avec une extrême facilité.

Les hémorrhagies qui engendrent le plus souvent l'anémie, accompagnent ou suivent l'accouchement, les blessures et opérations sanglantes ; l'épistaxis, la métrorrhagie accidentelle ou acquise, etc., peuvent également la déterminer. Les troubles de la nutrition qui diminuent les globules sanguins, et par ce fait l'excitation du sang, sont causés par la gastralgie et la gastrite, la dyspepsie, les peines morales, etc. ; en citant l'aménorrhée et la dysménorrhée, je risque de prendre, je le sais fort bien, l'effet pour la cause, j'aurai néanmoins à en dire un mot. Quant aux anémies profondes qui sont la conséquence forcée de la phthisie, du cancer et autres maladies analogues, je n'ai pas à m'en occuper ici, puisque l'affection principale contre-indique formellement l'usage des eaux.

L'anémie est caractérisée par la pâleur de la peau et des muqueuses, par du vertige et des bourdonnements d'oreille, de la faiblesse et une lassitude capable d'empêcher tout effort soutenu, le pouls est petit et fréquent, presque toujours il existe un bruit de souffle au cœur et dans les vaisseaux du cou.

Contre ces accidents divers, j'emploie le bain frais et court, 30 à 32°, d'une durée variant entre dix minutes à une demi-heure. La douche en arrosoir et générale à température indifférente, assez prolongée. L'eau minérale à l'intérieur chaude, froide quand une hémorrhagie *redux* est à craindre. Les moyens hygiéniques adjuvants sont indispensables, ils seront semblables à ceux que j'ai recommandés dans le lymphatisme.

Le traitement doit avoir deux buts bien tranchés : remédier aux lésions actuelles et prévenir le retour de nouveaux accidents. Les effets produits réagissent souvent sur la constitution même et deviennent causes à leur tour, tellement qu'une hémorrhagie, par exemple, en appelle une autre, celle-ci une troisième dont la production sera plus facile encore, et ainsi de suite. Cette désastreuse tendance est toute simple, car plus l'organisme s'affaiblit, moins il offre de résistance ; sa faiblesse qui augmente chaque jour est une cause progressive d'hémorrhagie d'abord et un obstacle à la nutrition ensuite. Il est clair, en effet, que les organes devenus d'une débilité extrême ne sont plus capables de remplir les fonctions que la nature leur a dévolues.

En même temps que vous administrerez les bains et les douches, s'il y a tendance à l'hémorrhagie, rendez le sang plus épais, faites prendre du fer et du quinquina ; s'il y a dyspepsie, tonifiez l'estomac, conseillez les préparations habituelles ; ordonnez enfin, si vous le jugez convenable, les eaux minérales des stations recommandées contre les troubles gastriques.

AMÉNORRHÉE.

Je vais parler incidemment de l'aménorrhée, suppression des règles et de la dysménorrhée, difficulté dans leur manifestation. Quant à la chlorose, « l'eau de Bourbonne est souveraine contre la maladie des jeunes filles, nommée par les Grecs χλωροσις et par les Latins, *febris alba virginum.* « Cette opinion, que j'emprunte à Tibault, est exagérée, souveraine est de trop, utile est bien quand il s'agit de chlorose lymphatique.

Avec M. Bernutz, j'admettrai deux espèces d'aménorrhée :

1° *Aménorrhée par rétention* du flux menstruel, dont les causes sont accidentelles. Il s'agit en effet d'un vice de conformation congénital ou acquis, ou d'un trouble fonctionnel survenu à la suite d'un refroidissement brusque, d'une vive émotion, etc. Cette première espèce d'aménorrhée s'accompagne chaque mois de symptômes de congestion utérine et peut être guérie par une opération chirurgicale, quand il existe un vice de conformation ; dans le second cas, une vive excitation générale et locale sera toujours utile, j'y reviendrai tout à l'heure.

2° *Aménorrhée par défaut de sécrétion*, aménorrhée habituelle et durable, physiologique avant la nubilité, pendant la grossesse et après l'âge critique ; pathologique de quinze à quarante-cinq ans ; la ponte ovulaire est nulle ou défectueuse, l'époque est à peine accusée, l'utérus manque du stimulus essentiel et l'écoulement cataménial n'a pas de raison d'être. Le défaut de vigueur, l'asthénie des organes est considérable, la constitution n'a pas en quelque sorte la force de faire les frais d'une perte de sang quelconque, l'anémie et plus rarement la pléthore hydrémique, pour employer l'expression de Bouillaud, dominent l'organisme.

DYSMÉNORRHÉE.

Les causes de l'aménorrhée, quand elles se produisent à un moindre degré, entraînent la dysménorrhée, affection fréquente et qui trouve à Bourbonne un traitement rationnel.

S'il existe une suppression ou une diminution des règles, le médecin doit s'enquérir de la cause effective. *A priori* l'examen et l'interrogation judicieuse de la malade suffiront presque toujours pour éclairer le pronostic et déterminer l'application d'un traitement. Quand il y a défaut de ponte, quand l'atonie de la constitution est manifeste, le cas est plus embarrassant ; cependant on peut dire, neuf fois sur dix, que l'aménorrhée et la dysménorrhée sont dues à un défaut de force des organes génitaux internes. Les eaux de Bourbonne rempliront parfaitement le but qu'il s'agit d'atteindre ; les bains tièdes et prolongés, les douches actives et chaudes sur les reins, les flancs et les cuisses, seront utilisés souvent avec fruit. Tibault, en 1570, les recommandait expressément contre « la rétention invétérée des mois. »

J'ai maintenant à parler de la douche utérine et périnéale. L'établissement de Bourbonne ne possède rien en fait de douche vaginale et utérine ; quant à la douche périnéale, elle peut à la rigueur s'administrer avec une douche ordinaire appliquée à la place convenable. M. Cabrol avait remédié à cette lacune en établissant chez lui un système bien organisé, et dont il obtenait des résultats satisfaisants; à son exemple, j'ai indiqué à plusieurs dames un appareil extrêmement simple qu'elles ont fait installer chez elles, et qui leur a été utile, je crois. Il consiste en un petit baquet placé à deux mètres environ de hauteur, rempli d'eau thermale, et à la base duquel s'ajuste un tuyau de petit calibre en tôle ou en caoutchouc (j'indique ordinairement les tubes qui servent aux serruriers pour poser les sonnettes), se terminant par un cordon d'irrigateur dont la canule est introduite où il convient. Cette douche est dirigée, suivant les cas, sur le col de l'utérus ou dans le rectum, et peut servir contre la paresse de l'intestin ou l'aménorrhée asthénique; elle ne doit pas se prolonger très-longtemps, de cinq à huit minutes; et à une température agréable, son application sera surveillée avec soin.

Quand l'aménorrhée n'est pas par trop enracinée, quand il s'agit d'une paresse, et non d'une atrophie des organes, il y aura grande chance pour que les menstrues se rétablissent ou se régularisent sous l'influence du traitement que je viens d'indiquer. Pour cette raison et d'autres, je dirai de Bourbonne, avec

Le Bon : « La conception s'y trouve de femmes stériles. « Chevalier a étudié spécialement le traitement de l'aménorrhée par les eaux minérales.

ÉPUISEMENTS PRÉMATURÉS.

A l'époque de la puberté, il est fréquent d'observer chez les jeunes garçons et chez les jeunes filles une grande langueur, le système nerveux est extrêmement impressionable, toutes les fonctions souffrent et s'exécutent mal, principalement celles de la nutrition. La croissance trop rapide, les mauvaises habitudes chez les garçons, le retard de la menstruation chez les filles, disposent à cette faiblesse que nos eaux toniques et excitantes combattent utilement.

AFFAIBLISSEMENTS ORGANIQUES SUITES DE FIÈVRES GRAVES.

Les fièvres graves produisent deux sortes de lésions qui ont toujours été confondues, et cependant différentes selon moi, non-seulement par le pronostic, mais par les causes intimes mêmes.

La plus fréquente consiste en une faiblesse générale qui simule assez bien une paralysie véritable, les mouvements n'ont plus de force, quelquefois même ils sont presque anéantis. Cette lésion de la sensibilité et du mouvement est due à un défaut de nutrition du système nerveux. Dans les fièvres longues, le sang, n'étant pas régéré chaque jour par l'alimentation, perd ses qualités stimulantes; de plus les muscles réduits à un repos prolongé se déshabituent de leurs fonctions ordinaires et sont obligés plus tard de les apprendre de nouveau. Les membres fracturés, placés pendant plusieurs semaines dans des appareils inamovibles, se trouvent dans des conditions analogues.

L'affaiblissement général, dont je viens de parler, est fréquent; il n'est pas rare de le remarquer sur un point seulement de l'économie, et simulant à merveille une paralysie localisée due à la lésion d'un nerf; il faut, avant de poser le pronostic, bien s'assurer de l'état de la contractilité et de la sensibilité, sans quoi on s'exposerait à commettre des erreurs extraordinaires.

En général l'affaiblissement organique guérit radicalement à Bourbonne en trois semaines. Rien n'est plus étonnant que de voir certaines personnes arrivées avec des béquilles, marcher sans canne au bout de quinze jours de traitement; le coup de fouet des eaux est donné, rien n'arrête plus l'amélioration qui, sans lui, aurait pu se faire attendre plusieurs mois encore.

Il existe une seconde lésion produite par les fièvres graves, celle-ci vient à la suite du décubitus dorsal prolongé, déterminant une sub-inflammation de la moëlle, et conséquemment une véritable paraplégie. J'aurai à y revenir au chapitre des paralysies.

4° Empoisonnements.

Il nous est donné, à Bourbonne, d'observer plusieurs maladies chroniques dues à la présence, dans l'économie d'un élément étranger venu du dehors et produisant à la longue un véritable empoisonnement. Des symptômes aigus précèdent presque toujours l'état chronique, les causes sont surtout occasionnelles et agissent subitement ou lentement.

Parmi les affections de ce genre, il est important de signaler en première ligne la syphilis, la cachexie paludéenne, l'empoisonnement par le plomb et le cuivre.

SYPHILIS.

Le 16 juin 1869, M. Verneuil exposait devant la société de chirurgie des idées nouvelles sur la syphilis. Je pensais depuis longtemps une grande partie de ce que le savant professeur formulait, mieux que je ne le pourrais faire, aussi je cite textuellement ses paroles :

« Le traitement tonique est plus acceptable dans la syphilis que le traitement mercuriel associé aux toniques, puisqu'il est reconnu que le mercure est un agent tonique. La syphilis n'a pas de contre-poison spécifique ; elle est une variété d'infection purulente, la moins grave de toutes peut-être, et nous savons qu'il n'y a pas de contre-poison spécifique pour l'infection purulente. La syphilis guérit seule par une série d'éliminations spontanées. Soutenons l'économie pendant que ce travail s'accomplit, pendant que l'individu élimine, sous forme de plaques muqueuses ou de syphilides papuleuses, les parties contaminées de son sang. Traitons scrupuleusement les accidents locaux, tel est le traitement physiologique de la syphilis. Encore quelques années, la démonstration se fera et la syphilis rentrera dans le cadre des maladies générales d'où elle n'aurait jamais dû sortir. »

Posée de la sorte, la question est résolue, car les eaux de Bourbonne produisent précisément les manifestations cutanées que j'ai toujours considérées comme un symptôme favorable, et à ce propos je citerai le fait suivant :

Il y a trois ans, un jeune commandant vint à Bourbonne pour une fracture de jambe, il me fut adressé par le médecin en chef de l'hôpital, nous comptions, et avec raison, sur l'électricité pour rendre au pied tout ou partie de ses mouvements. Les choses marchaient bien, quand un matin M. X*** me parla d'une vive poussée qui s'était manifestée à peu près sur tout le corps. A première vue, je n'hésitai pas à prendre cette prétendue poussée pour une magnifique roséole, j'avertis le commandant et le félicitai, en lui expliquant l'avantage que cette manifestation allait produire sur sa constitution. M. X***, consterné, me déclara (nous étions à la mi-août), que dans un mois il devait se marier, et que cette éruption était aussi fâcheuse que possible. Je l'engageai, après en avoir référé au médecin en chef, et bien à contre cœur, à cesser l'usage des eaux, ce qu'il fit de suite, quelques fumigations de cinabre diminuèrent assez rapidement cette roséole malheureusement avortée, et qui était capable de purger définitivement l'économie de tout levain syphilitique. Je souhaite que les enfants de M. X*** ne soient pas les victimes de la suppression intempestive du traitement minéral.

Les eaux minérales chaudes sont la meilleure pierre de touche, expression de M. Lambron, pour caractériser une syphilis larvée et pour décéler une vérole latente, pour la forcer à apparaître quand elle eût pu sommeiller encore de longues années. J'ajouterai que ces manifestations successives usent et détruisent le germe constitutionnel et finalement produisent assez vite la guérison définitive.

Aux personnes qui veulent s'assurer de l'état actuel de la syphilis chez elles, je conseillerai l'usage des eaux de Bourbonne ; si rien n'apparaît, il y a probabilité de guérison complète, s'il arrive quelques symptômes secondaires, tant mieux, car l'amélioration constitutionnelle en sera la conséquence. Tout individu qui a eu un chancre induré devrait passer par cette épreuve avant de se marier et de procréer des enfants qui seront pour lui peut-être un sujet de chagrin et de remords.

Le traitement minéral accroît quelquefois, entretient souvent les manifestations syphilitiques, mais il contribue toujours à donner une efficacité très-grande aux médicaments spécifiques ou prétendus tels (mercure et iodure de potassium), dont j'admets à la rigueur l'emploi, et en cela je diffère de M. Verneuil qui repousse tout traitement particulier.

Les médecins qui ont étudié à fond les effets des eaux de Bourbonne les recommandent contre la syphilis, je citerai notamment Hubert Jacob, Lebon et Juy.

Charles les contre-indique par la raison même qui

me les fait conseiller « elles renouvelleraient, dit-il, et réveilleraient en quelque sorte le virus assoupi en lui donnant du mouvement et de l'action. » Chevalier, Mongin-Montrol, Prat ordonnent avec certaines restrictions l'usage des eaux thermales aux vérolés. Le Molt, Ballard, M. Magnin les recommandent instamment dans les syphilis anciennes et rebelles aux traitements ordinaires.

Deblangey, dans une thèse soutenue à Montpellier en 1850, raconte le fait suivant : « En 1843, les huit chirurgiens sous-aides majors, détachés aux eaux de Bourbonne, firent usage des bains dans un simple but d'expérimentation. Deux furent couverts de syphilides. Dès les premiers jours, un troisième vit réapparaître un écoulement qui avait cessé depuis trois mois. Chez les deux premiers, l'iodure de potassium fut associé à l'usage des eaux, la guérison fut rapide, et depuis elle ne s'est pas démentie. »

Le médecin que je viens de citer, donne en outre les observations de plusieurs cas de guérison de carie, ulcères, opthalmies, et douleurs syphilitiques obtenues à Bourbonne ; Henri de même, ainsi qu'Emile Renard et M. Tamisier, ce dernier, sur huit accidents secondaires et tertiaires, a obtenu six guérisons et deux améliorations. MM. Cabasse, Cabrol, Bougard et bien d'autres encore ont constaté maintes fois à l'hôpital militaire le retour d'accidents secondaires et la rapidité d'action des mercuriaux associés au traitement minéral, fait curieux, ces médicaments en produisent pas ici de salivation!

M. Cabasse a étudié longuement la question de la syphilis à Bourbonne, il a publié dans la revue d'hydrologie le résultat de l'enquête à laquelle il s'est livré.

Quand la syphilis affecte un tempérament lymphathique, elle guérit difficilement partout. Lorsquelle est combattue par des eaux chlorurées, toniques et excitantes, il n'est pas rare d'observer des résultats inespérés.

Les accidents tertiaires, exostoses, carie, gommes, douleurs ostéocopes, tumeurs, etc., comportent une application thermo-minérale réservée. Le bain et l'eau à l'intérieur ainsi que la douche, conviennent encore, mais leurs effets devront être observés et modérés avec soin.

Le traitement mercuriel marche habituellement en même temps que les eaux; quand j'y ai recours, j'ordonne de préférence la liqueur de Van-Swiéten, une cuillerée à bouche par jour dans un verre d'eau minérale.

En terminant ce qui a trait à la syphilis, je recommanderai encore les eaux de Bourbonne à tous les vérolés, soit pour faire disparaître les accidents actuels, soit pour faire sortir en temps opportun et guérir facilement les manifestations qui seraient plus tard et pour bien des raisons peut-être fort désagréables.

CACHEXIE PALUDÉENNE.

Il est singulier que les eaux de Bourbonne après avoir été prônées aussi chaleureusement par les anciens auteurs contre les fièvres intermittentes, soient tombées dans un tel état de discrédit près des contemporains.

Hubert Jacob dit cependant « les fièvres invétérées, longues, lentes, nocturnes, quartes, intermittentes sont guéries à Bourbonne » et Tibault « les fièvres lentes, invétérées et nocturnes, les intermittentes, quartes et quotidiennes, mesme les tierces bastardes... y reçoivent guérison, moyennant que les eaux et les bains soient pris forts tempérés. »

Pour ne pas multiplier indéfiniment les citations, j'arrive de suite à Juvet. Ce médecin a publié en 1570 un petit volume intitulé « Dissertation contenant de nouvelles observations sur la fièvre quarte et l'eau thermale de Bourbonne en Champagne. » Ce livre est précédé d'une lettre de félicitations d'Helvétius, grand partisan du traitement de la fièvre intermittente par les eaux de Vichy. Juvet établit que les fièvres intermittentes sont quelquefois rebelles au quinquina, elles affectent souvent les viscères, le foie et la rate principalement, elles altèrent les liquides et les portent à un haut degré d'épaississement; pour les guérir, il faut employer les évacuans, les délayants, les diurétiques, les humectants et les fortifiants, toutes qualités qui se rencontrent dans l'eau de Bourbonne. Aussi l'expérience extrêmement étendue de Juvet, (il avait donné ses soins à quinze mille malades, lorsqu'il écrivit son livre), l'avait-elle convaincu de l'efficacité des eaux qu'il était appelé à administrer contre les fièvres intermittentes et leurs accidents consécutifs.

Comment se fait-il que l'on trouve à peine quelques mots concernant la fièvre paludéenne dans les ouvrages récents, si complets à d'autres points de vue. M. Magnin seul donne deux observations, deux guérisons.

A l'hôpital militaire, les cas de fièvre sont assez fréquents. Certains malades sont dirigés sur Bourbonne pour y être traités de fièvres d'Afrique rebelles, d'affaiblissement organique profond, mais c'est le petit nombre. La plus grande partie des fièvres observées complique l'affection principale qui a déterminé l'envoi aux eaux.

J'ai remarqué que les fièvres intermittentes anciennes étaient presque constamment accompagnées d'affaiblissement sanguin et nerveux considérable. Les malades de cette catégorie présentent un teint jaunâtre, bilieux prononcé, une débilité très-grande; chez eux, il existe une cachexie profonde, les miasmes paludéens ont produit un véritable empoisonnement de la constitution. S'il est après la suppression de la cause un traitement avantageux contre une position pareille, c'est sans contredit celui qui procurera une vive excitation générale. Les eaux toniques de Bourbonne triompheront presque toujours de l'état fâcheux que je viens de décrire, surtout si leur action est renforcée par un régime fortifiant énergique, dont la base sera le vin ; à tort ou à raison, je regarde le vin comme un fébrifuge de premier ordre.

Si nos eaux sont délaissées par les fébricitants, il n'en est pas de même de celles qui possèdent des qualités analogues. Les habitants de Balaruc et des environs, lorsqu'ils sont atteints de fièvre intermittente, se rendent à l'établissement thermal de cette ville, y boivent pendant plusieurs jours d'énormes quantités d'eau et se guérissent ainsi très-vite et radicalement.

On a pensé que l'arsenic des sources de la Bourboule et de Cransac, produisait un effet excellent, cet effet spécifique, agit sans doute conjointement avec l'action générale tonique. MM. Petrequin et Socquet recommandent les eaux salines sulfatées et sulfatées calciques sodiques contre les fièvres intermittentes. Les auteurs du dictionnaire des eaux minérales attachent également à la station de Bourbonne une grande importance dans le traitement de la fièvre chez les individus lymphatiques et scrofuleux. Quant à moi, je conseille instamment nos eaux contre la cachéxie palustre et encore, mais à un moindre degré, contre les fièvres intermittentes qui ont résisté au sulfate de quinine.

Les premiers bains produisent souvent l'exagération des accidents, les stades sont mieux accusés, mais le froid est rarement de longue durée. Le sulfate de quinine devenu infidèle en Afrique débarrasse merveilleusement à Bourbonne les militaires de leurs fièvres invétérées, les accès s'éloignent en raison directe des forces que le malade acquiert chaque jour, ils finissent enfin par disparaître complètement.

INTOXICATIONS DIVERSES.

Tous les malades victimes d'intoxications capables de troubler l'organisme pour un temps plus ou moins long devraient être envoyés à Bourbonne. On ignore trop les bénéfices qu'ils pourraient retirer de l'usage des eaux.

A l'hôpital militaire, nous recevons surtout des coliques sèches ; à l'établissement civil, des accidents consécutifs à l'empoisonnement par le plomb, mais en petit nombre.

Les bains et les douches, l'eau à l'intérieur à dose purgative sont employés utilement contre les empoisonnements chroniques qui se présentent ordinairement à nous sous forme de paralysie, de douleurs vives, de débilité, etc.

Les intoxications que j'ai observées étaient dues à l'ergot de seigle, au tabac, à l'iode, au mercure et au plomb. Je vais exposer en quelque mots les faits dont j'ai été témoin.

M. Renard m'a recommandé en 1868 deux jeunes gens de Colmar, le frère et la sœur, auxquels il pensait que l'électricité pourrait être utile. Ces deux très-intéressants malades, étaient devenus complètements paralytiques, simultanément, en huit jours, ainsi qu'une domestique de leur maison.

Les médecins de la ville pensèrent que ces accidents, qui dégénérèrent vite en paraplégie persistante, étaient dus à la présence de l'ergot de seigle dans le pain fourni par un boulanger ; plusieurs clients de cet industriel furent à la même époque victimes de troubles dans la motilité, mais beaucoup moins accusés que chez M. et Mlle E.... J'ai électrisé en 1868 et 1869 ces jeunes gens avec un succès médiocre, les eaux n'ont pas agi non plus très-efficacement.

En 1865, un vieux garde forestier des environs d'Orléans, vint à Bourbonne pour un tremblement général que son médecin attribuait à l'usage immodéré du tabac. Cet homme fumait en effet à peu près constamment dans des pipes très-courtes et remplies avec du tabac commun dit gros rôle. Ce vieillard prit deux saisons à Bourbonne et partit fort amélioré, il était parfaitement capable de reprendre son service lorsqu'il nous quitta.

Je connais plusieurs faits concernant l'abus de l'iode, j'en citerai seulement un. Mme C..., habitant le département de la Haute-Saône, vint me consulter il y a quatre ans pour des palpitations de cœur et une oppression permanente, elle se croyait phthisique. Je fus frappé de l'état de marasme profond auquel était réduite cette pauvre femme, et tout d'abord je crus comme elle à une phthisie. En interrogeant Mme C..., j'appris qu'un an auparavant, elle avait un goître volumineux, elle avait consulté un médecin qui lui conseilla un médicament à boire, une cuillerée à bouche par jour, ce qu'elle fit. Au bout d'un mois, ne constatant pas d'amélioration, elle doubla, puis quadrupla, la dose, tout en suivant le traitement d'un nouveau médecin, qui lui aussi avait sans doute ordonné un traitement iodé. Un peu plus tard, Mme C... s'aperçut qu'elle maigrissait, son goître diminuait du reste ce qui l'encouragea à continuer l'usage des médicaments; ses seins, qui étaient précédemment volumineux, avaient presque complètement disparu quand je la vis, ainsi que le goître, cette dame était de plus d'une maigreur et d'une faiblesse extrêmes. Envoyée aux eaux de Bourbonne, elle n'avait demandé les conseils de personne, ce n'est que quand s'exagérèrent l'oppression et les palpitations qu'elle se décida à me venir voir, je l'engageai instamment à continuer l'usage des eaux avec certaines modifications que je jugeai utiles; elle partit très-améliorée après avoir pris une saison et demie. Je ne doute pas qu'aujourd'hui Mme C... ne soit depuis longtemps complètement guérie.

A l'hôpital militaire, il n'est pas rare d'observer le tremblement et la cachexie mercuriels; les accidents qui sont la conséquence de ces intoxications se trouvent parfaitement de l'usage des eaux. Aussi l'excellent Jean Lebon ne manque pas de dire « Je ne scay qui a semé ceste hérésie, qui est que les bains ne vallent rien aux vérollés, au contraire, les bains retirent le vif argent, et onguent du centre et habitude de tout le corps, et les remet en sain et pristin estat. »

J'arrive de suite aux coliques sèches si fréquentes au Sénégal et à Cayenne. Il n'y a pas d'années qu'un grand nombre de militaires ou marins ne soient pris aux colonies de colique végétale. Les plus affectés sont évacués en France et ils nous arrivent avec des douleurs arthritiques très-vives, des paralysies atrophiques localisées généralement aux avant-bras et toujours graves. Cette singulière maladie présente trop d'analogie avec l'intoxication saturnine pour que je m'y arrête plus longtemps, je n'ai pas davantage à me demander si ces deux affections ont la même origine, je dirai cependant que les militaires et les médecins des colonies que j'ai interrogés, croient presque tous le contraire.

Je n'ai pas eu à observer de cas bien tranché d'empoisonnement par le plomb. En cherchant dans mes notes, je trouve cependant ceci : un ouvrier du port de Brest qui éprouvait de violentes douleurs de tête et une paralysie atrophique prononcée des membres supérieurs fut envoyé à l'hôpital militaire de Bourbonne en 1867. Le certificat de cet homme portait pour toute indication : paralysie générale, suite de refroidissement. Dirigé sur le service d'électricité, je constatai immédiatement l'absence de contractilité électrique dans les muscles atteints, j'interrogeai ce malade avec soin, et il finit par se souvenir qu'à l'époque où la paralysie avait débuté, il était occupé depuis plusieurs semaines à peindre des navires. En même temps que la paralysie, ce malade avait éprouvé des douleurs dans les jointures, mais sans rougeur ni gonflement, la colique si elle avait existé était passée inaperçue. Deux saisons de quarante jours améliorèrent sensiblement ce marin.

Les paraplégies saturnines ne diffèrent des autres affections du même genre que par des douleurs plus vives et une disposition atrophique plus grande, enfin par leur gravité.

Je dirai en passant que l'électricité rend de signalés services contre l'arthralgie et la paralysie saturnine. Je me souviens qu'élève de M. Briquet en 1857, je faradisais déjà avec succès à la Charité les ouvriers de Clichy atteints de colique de plomb.

5° Maladies des centres ou des cordons nerveux.

I. PARALYSIES.

Le mot paralysie est synonyme de diminution ou perte totale de la sensibilité et du mouvement ou seulement de l'une ou de l'autre de ces deux fonctions.

La sensibilité et le mouvement sont deux actes congénères qui se tiennent étroitement. Tous deux s'exercent de la même façon et s'éteignent sous les mêmes influences. L'un cependant est plus exquis, plus délicat que l'autre. La sensibilité presque toujours disparaît la première, la première aussi elle revient dans les parties privées encore de mouvement, et dans ce cas elle est le précurseur, le signe assuré du retour prochain de la motilité. Une lésion très-légère amène l'abolition du sentiment seul, plus grave du sentiment d'abord et du mouvement ensuite, très-grave des deux fonctions à la fois. Une très-faible congestion cérébrale produit l'engourdissement de la main et des doigts, les mouvements sont encore faciles, mais le toucher est peu sûr ; plus forte, les mouvements sont embarrassés et la sensibilité nulle ; très-forte, la main tombe inerte, l'innervation est complétement abolie.

« Toute paralysie est due à une lésion organique ou tout simplement fonctionnelle, soit des organes centraux qui commandent, soit des cordons nerveux qui transmettent, soit enfin des organes qui exécutent les mouvements ou qui perçoivent les sensations. »

C'est en ces termes que débute ma thèse inaugurale soutenue à Paris le 22 février 1861.

Le cerveau et la moëlle épinière sont les deux sources, a dit Roche, d'où jaillit sans cesse le fluide qui distribue partout les facultés de sentir et de se mouvoir. Si un accident, une lésion instantanée ou une maladie grave viennent à entraver le libre fonctionnement de ces centres nerveux par excellence, il se produit de suite ou lentement une paralysie, c'est-à-dire comme je l'ai déjà expliqué, la diminution ou l'abolition complète de la sensibilité et du mouvement. La lésion cérébrale, congestion ou hémorrhagie, entraînera l'hémiplégie, c'est-à-dire la paralysie d'une moitié latérale du corps. La lésion de la moëlle produira la paraplégie, c'est-à-dire la paralysie des membres inférieurs et souvent des organes abdominaux. La lésion d'un nerf ne déterminera qu'une paralysie localisée dans une région plus ou moins étendue, suivant l'importance du cordon nerveux lui-même. Enfin le ramollissement de la substance cérébrale amènera dans certaines conditions spéciales l'état morbide que l'on est convenu d'appeler paralysie générale progressive.

Quatre sortes de paralysies se présentent donc à notre observation ; toutes quatre peuvent s'améliorer à Bourbonne, quoique à des degrés bien différents, suivant le lieu où s'est produit l'épanchement et son intensité, ce sont comme je viens de le dire :

1° L'hémiplégie ;
2° La paraplégie ;
3° Les paralysies localisées ;
4° La paralysie générale.

HÉMIPLÉGIE.

L'hémiplégie est la paralysie d'une moitié latérale du corps, elle est complète ou limitée. En général, le membre supérieur et principalement la main sont le plus longtemps privés de sensibilité et surtout de mouvement. Le début de cette affection est ordinairement brusque, il peut être lent ; ses causes sont la congestion ou l'hémorrhagie du cerveau.

La congestion cérébrale simple guérissant toujours facilement et vite, je n'ai pas à m'en occuper ici ; l'hémorrhagie seule produit l'hémiplégie persistante entraînant le traitement minéral.

L'attaque d'apoplexie, mot défectueux, mais toujours employé, peut être précédée par de la pesanteur de tête, des bourdonnements d'oreilles, des vertiges, etc.; d'autres fois, au contraire, sans prodrômes, le malade tombe foudroyé, privé de connaissance, de mouvement et de sentiment. La perte de connaissance est souvent aussi nulle ou de courte durée, la paralysie médiocre, la face et la langue à peine déviées, la jambe seulement engourdie, le bras quoique plus sérieusement atteint, n'est pas complétement paralysé. Entre les deux hémorrhagies qui entraînent des lésions si différentes, tous les degrés peuvent se produire.

L'épanchement sanguin se fait le plus souvent au milieu de l'hémisphère cérébral, son volume varie infiniment suivant les cas ; converti en caillot, il s'entoure, au bout de trois semaines ou un mois, d'une membrane séreuse qui secrète un liquide capable de dissoudre le sang coagulé et le rendre ainsi susceptible d'être résorbé, ce qui a lieu lentement. Une fois le sang disparu, il se forme dans l'intérieur du kyste des fausses membranes enchevêtrées et contenant dans leurs mailles une sérosité permanente; dans les cas les plus heureux, les deux parois du kyste se rapprochent, se soudent et constituent dans le cerveau une cicatrice linéaire.

Plusieurs mois sont nécessaires pour qu'ait lieu la disparition du sang épanché, mais la résorption opérée, la paralysie persiste encore, quoique à un degré moindre. J'insiste sur la marche de l'épanchement sanguin, parce qu'elle m'aidera singulièrement dans l'étude que je vais faire de cette question importante. A quelle époque de la maladie doit-on envoyer les hémiplégiques aux eaux minérales ?

La mémorable discussion qui a eu lieu en 1856 à la société d'Hydrologie, un travail de M. Périer présenté à la même compagnie en 1863, les ouvrages des médecins exerçant à Bourbonne, Bourbon-l'Archambault, Balaruc, etc., me seront d'un grand secours pour compléter ce qu'aurait d'insuffisant mon expérience personnelle.

MM. Le Bret à Balaruc, Regnault à Bourbon-l'Archambault administrent les eaux dont ils disposent le plus près possible de l'attaque, ils obtiennent en agissant ainsi un succès plus marqué et ne provoquent jamais les complications que prévoient certains de leurs collègues.

« A l'hospice thermal de Bourbon, dit M. Regnault, personne ne veille à l'exécution des prescriptions du médecin, les malades s'administrent les eaux comme bon leur semble. Or, qui ne sait que la population des hôpitaux est toujours disposée à abuser des médicaments sous toutes les formes.

« Au contraire, à l'établissement thermal, les eaux sont administrées sous la surveillance la plus rigoureuse et avec tous les ménagements possibles de température, de temps, de force, etc. Ici jamais de ces réactions énormes qui à l'hospice sont poussées quelquefois jusqu'à la syncope, et qui causeraient au malade et à ceux qui l'entourent un véritable effroi ; mais aussi, je dois le dire, la différence des effets du traitement est extrêmement sensible. A l'hospice, *rarement un insuccès complet ;* le plus souvent une amélioration notable, et fréquemment *guérison après la seconde année*. A l'établissement, au contraire, *guérisons plus rares et fréquents insuccès.* »

Ce résultat, tient d'après M. Regnault, à ceci : c'est que les pauvres se rendent le plus tôt possible à l'hospice pour y profiter du traitement minéral, tandis que les personnes aisées sont envoyées à l'établissement longtemps après le début de la maladie et comme dernier expédient thérapeutique.

M. Renard a résumé, en quelques pages lumineuses les résultats constants que lui ont fourni son expérience et son savoir, je ne puis mieux faire que de citer notre vénéré maître.

« Les eaux de Bourbonne peuvent être appropriées au traitement des paralysies suites d'hémorrhagie cérébrale, lorsque la lésion primitive a franchi toutes les périodes du travail inflammatoire. Il y a plus de chances de succès quand la cause a été accidentelle, quand elle ne tient pas à l'âge ou aux circonstances du tempérament. Et même, en supposant que la lésion ait son principe dans la constitution du sujet, les eaux de Bourbonne peuvent encore être employées, lorsqu'à l'aide d'un régime convenable et des moyens propres à neutraliser les effets de cette disposition, elle a cessé de paraître menaçante.

« Il est extrêmement important, dans tous les cas, de surveiller l'action du traitement avec la plus grande attention, et de faire concourir aux bons résultats de cette action, le régime et les moyens accessoires indiqués par l'état particulier du malade. Plus les sujets sont jeunes et sanguins, plus on doit se tenir en garde contre l'action excitante de l'eau de Bourbonne, à l'intérieur surtout. Les bains à douce température et peu prolongés peuvent être considérés comme une préparation utile à l'action de la douche, qui est ici la forme la plus efficace de l'administration de nos eaux. Le malade la reçoit, tantôt couché sur un lit de sangle, et tantôt assis. Ce dernier mode est préféré, dans le cas où la tendance du sang vers le cerveau paraîtrait encore à craindre.

« Sous le bénéfice de ces réserves, on peut laisser aux eaux de Bourbonne une place encore assez honorable dans le traitement des paralysies, suites d'apoplexie cérébrale.

« Une des conditions les plus essentielles du régime accessoire à suivre, est le maintien de la liberté du ventre; il est même à propos d'exciter cette liberté par de légers purgatifs indépendamment des évacuations sanguines qui peuvent être indiquées. L'exercice est bon, mais dans une mesure proportionnée à l'état du malade et aux forces dont il peut disposer sans fatigue, de manière à éviter toute réaction fâcheuse sur le cerveau.

« J'ai dit que, dans les paralysies de l'ordre de celle dont nous nous occupons, les eaux de Bourbonne ne doivent pas être employées à une époque trop rapprochée des accidents primitifs ; mais si leur emploi prématuré présente des dangers, de même il y aurait des inconvénients dans l'excès contraire.

« Un ajournement trop long pourrait compromettre les résultats du traitement. La guérison dans les affections de ce genre, est subordonnée sans doute à la résorption de l'épanchement, c'est-à-dire qu'elle se fait du dedans au dehors; mais cette résorption elle-même peut être favorisée par une action du dehors au dedans, quand la période du travail inflammatoire est franchie.

« C'est du moins ce que les bons résultats des traitements thermaux tendraient à faire penser. Remarquons encore ici que la paralysie, considérée comme effet, peut persister par une sorte d'habitude ou d'asthénie consécutive, si je puis m'exprimer ainsi, même après la suppression de la cause qui l'a produite. On conçoit en effet que des membres plus ou moins longtemps privés de l'influx cérébral puissent rester sous le coup de l'engourdissement qui en a été le résultat, si une action extérieure quelconque ne vient les aider à en sortir en s'exerçant sur les points extrêmes engagés dans l'affection ; mais il importe que cette action, qui peut s'étendre de proche en proche et rayonner jusqu'au cerveau, n'y ramène aucun principe d'irritation. Voilà ce que le médecin traitant ne doit jamais cesser d'avoir en vue. »

L'autorité de M. Renard est trop grande et trop fondée pour ne pas entraîner à Bourbonne toutes les opinions. Personne n'a jamais mieux en effet exposé les effets probables du traitement minéral dans les paralysies, cependant je poserai à notre savant inspecteur cette question : A quel signe reconnaît-il que le lésion primitive a franchi toutes les périodes du travail inflammatoire? Est-ce à l'absence de contracture, à *l'amélioration naissante ;* et ce travail inflammatoire lui-même est-il bien franc d'allure, ou tellement insidieux qu'on peut à la rigueur dans nombre de cas n'en tenir aucun compte? M. Renard craint au moins autant, je crois, le retard apporté à la cure, que l'empressement du malade; aussi ne manque-t-il pas de dire « un ajournement trop long pourrait compromettre les résultats du traitement. »

J'ai souligné ces mots amélioration naissante parce qu'ils ont pour moi une valeur énorme et je ne parle pas seulement pour les paralysies, mais bien pour toutes les affections tributaires des eaux. Je l'ai déjà dit et je ne le répéterai jamais assez, l'amélioration à Bourbonne sera presque toujours considérable dans les maladies qui sont entrées dans la troisième phase de leur évolution, période de décroissance, moins sûre dans la deuxième, période d'état, très-incertaine pour ne pas dire plus dans la première, période d'augment. Mais dans l'hémiplégie, la troisième période arrive presque immédiatement après la première qui dure une seconde, il y a même une grave objection à opposer aux partisans du traitement minéral immédiat. Cette amélioration que vous obtenez, pourrait-on leur dire, si vite à Bourbon ou à Balaruc, vous l'eussiez tout aussi bien constatée si vous aviez laissé vos malades dans leurs lits. C'est possible, mais il est probable qu'elle n'aurait été ni aussi assurée ni surtout aussi rapide.

M. de Laurès craint plus encore que M. Renard un traitement trop hâtif. M. Durand Fardel comprend parfaitement que chez les individus mous, lymphatiques, affaiblis, il y ait indication d'activer les phénomènes de réparation du foyer apoplectique, sans doute languissants et embarrassés; « mais lorsque les forces de l'organisme suffisent pour réparer le désordre en question, l'intervention des moyens artificiels, si utile tout à l'heure, risque de dépasser la mesure et d'être nuisible, bien loin de rendre aucun service. »

Je viens d'exposer le plus rapidement possible l'opinion des médecins qui font autorité dans la science de l'hydrologie; je vais étendre encore la question sans la trancher, bien entendu, tout en appréciant davantage l'opinion des médecins partisans du traitement hâtif. Pour mon compte, je n'hésite pas, dans les paralysies récentes, à conseiller le traitement minéral à la condition de donner à la douche et à la boisson le rôle principal. Voici les raisons qui me guident dans cette manière de voir :

En général, une nouvelle attaque d'apoplexie est-elle plus à craindre dans les semaines qui suivent immédiatement l'accident primitif que six mois après, par exemple? Je n'hésite pas à croire qu'une deuxième hémorrhagie cérébrale est bien rare dans les trois mois qui suivent la première attaque, plus fréquente, au contraire, après la première année; ce sont mes souvenirs de praticien qui me dictent ce que j'écris.

La deuxième attaque, dit-on, peut être provoquée par l'excitation produite par les eaux; mais à quelle époque de la genèse morbide? La nouvelle hémorrhagie, si elle survient, ne se fait pas dans le premier foyer, elle se fait ailleurs. Je ne crois pas qu'elle ait plus de chance de se former plus tôt un mois qu'un an après la première attaque, au contraire; et précisément les médecins courageux, qui ont tenté l'aventure, n'ont eu qu'à se louer de leur témérité, qui me semble rationnelle; car les eaux salines étant altérantes fluidifient le sang, facilitent la circulation capillaire et préviennent la stase sanguine dans les centres nerveux; toniques, elles rétablissent le fonctionnement régulier des organes et ramènent la sensibilité et le mouvement dans les parties qui en étaient privées. Le mode d'administration des eaux est révulsif au dehors en congestionnant la peau au détriment des viscères; il est dérivatif par son action sur le tube intestinal, ajouterai-je encore avec M. Caillat, que les eaux chlorurées sont spécifiques de la paralysie; elles ont une vertu spéciale dont la racine est ignorée, mais les résultats certains; si elles ne sont pas spécifiques, elles sont au moins préventives.

On peut, avec des soins chez un apoplectique, reculer la première attaque; mais celle-ci arrivée, il est plus difficile d'empêcher la deuxième, car la première laisse après elle un foyer d'irritation, une épine enfoncée dans le cerveau, et dont la présence produira, à un moment donné, de nouveaux accidents. Ce caillot, ce kyste, peut disparaître cependant; mais à la condition d'employer des moyens énergiques qui agiront d'autant plus efficacement que l'habitude, la chronicité, si je puis employer cette expression, ne sont pas complétement établies, et y a-t-il un moment plus opportun que celui qui suit l'apoplexie, lorsque le molimen hemorrhagicum est abattu, épuisé et ne présente que, dans un avenir éloigné, une menace de retour.

Le mode d'administration des eaux dans l'hémiplégie sera toujours surveillé de très-près; il changera presque chaque jour suivant les phénomènes observés;

aussi me bornerai-je à indiquer quelques conseils indispensables.

L'air du cabinet sera renouvelé pendant tout le temps que durera la préparation du bain ; en y entrant, le malade aura soin de se couvrir la tête avec une compresse imbibée d'eau froide ; compresse qu'il conservera au bain, à la douche et même en s'habillant. Inutile de dire qu'il la renouvellera quand elle ne donnera plus au front un sentiment d'agréable fraicheur.

Le bain sera peu prolongé, on élevera graduellement sa température, il alternera avec la douche dans le cas ou ces deux agents thermaux ne pourraient être supportés dans la même journée.

La douche sera reçue, le malade étant assis ; quand le côté gauche est paralysé, la planche protectrice du thorax est indispensable.

La boisson sera copieuse, elle devra déterminer des selles abondantes, et tous les deux ou trois jours un franc effet purgatif.

L'excitation cérébrale est rare quand le traitement est bien dirigé. L'usage réservé des eaux ne donnera lieu ni à la poussée, ni à la fièvre thermale, qui ne seraient nullement avantageuses dans ce cas particulier.

Je terminerai par une considération qui rassurera

les plus timorés. A Bourbonne, les récidives d'apoplexie cérébrale sont très-rares. Si deux cents apoplectiques font usage de nos eaux chaque année, un ou deux au plus sont ici les victimes de congestion ou d'hémorrhagie nouvelles : si ces deux cents apoplectiques étaient restés chez eux, il est certain que dix, vingt peut-être auraient vu se renouveler les attaques graves dont ils avaient déjà subi les coups.

PARAPLÉGIES.

La paraplégie est la paralysie de la moitié inférieure du corps, c'est-à-dire des membres abdominaux, de la vessie, de l'intestin et des organes génitaux. Elle est complète ou partielle suivant l'intensité de la lésion médullaire.

Les médecins qui étudient la médecine et la botanique de la même façon se trouvent fort à l'aise quand ils arrivent à l'affection qui m'occupe en ce moment. Il suffit de lire les articles que j'ai écrits dans la revue d'hydrologie de 1865 sur la paraplégie, pour se convaincre que jamais maladie n'a été comme celle-là, divisée en classes, ordres, genres, espèces et variétés. MM. Leroy d'Etiolles, Brown-Séquard et Jaccoud ont disséqué la paraplégie à qui mieux

mieux, ils ont élucidé la question, j'en conviens, mais ils ont singulièrement compliqué son étude.

L'étiologie est tout dans le pronostic de la paraplégie, et ce sont les causes, qui, avec grande raison, ont servi aux auteurs pour établir leurs divisions. La cause, tout est là. Telle paraplégie guérira à Bourbonne avec certitude, quoique s'annonçant d'une désastreuse façon ; elle guérira, dis-je, parce que je constate qu'elle est fonctionnelle seulement ; la moelle est atteinte, je n'en doute pas, car je ne crois guère aux affections sans matière, mais elle est affectée d'une façon superficielle, il y a arrêt passager de l'influx nerveux, mais non suppression de la source ou chemin définitivement clos. Tel autre malade nous arrive avec une paraplégie organique, celui-là s'améliorera peut-être ici, mais la guérison sera longue à obtenir, plusieurs années s'écouleront avant la guérison, si elle doit venir.

Je vais résumer brièvement ce que j'ai déjà écrit ailleurs, concernant la classification des paraplégies.

Les auteurs divisaient, il y a quinze ans, les paraplégies, de la manière suivante :

1° Paraplégies essentielles, idiopathiques, *sine materia*, sympathiques, etc.

2° Paraplégies symptomatiques d'une affection de

la moelle ou de ses enveloppes, inflammation, ramollissement, apoplexie, etc.

Cette division est extrêmement commode et pratique, si elle n'est pas savante.

Raoul Leroy-d'Etiolles, établit que les paraplégies indépendantes de la myélite sont produites par :

1° Les maladies des organes génito-urinaires chez l'homme ou la femme.

2° La chloro-anhémie compliquée d'hystérie.

3° Les pertes sanguines exagérées ou l'anhémie des membres inférieurs.

4° Les fièvres graves, l'irritation gastro-intestinale, la pellagre.

5° L'intoxication saturnine et arsénicale.

6° L'impression subite ou prolongée du froid et la diathèse rhumatismale.

7° L'asphyxie.

8° L'enfance.

9° Une compression de la moelle par les tumeurs qui se développent dans le canal vertébral ou qui y proéminent. La compression exercée par les fractures, les luxations des vertèbres, les plaies, etc.

Je ne donnerai pas de nouveau les classifications de MM. Brown-Séquard et Jaccoud, malgré leur incontestable mérite, elles sont, je crois, trop techniques pour un certain nombre de mes lecteurs.

A l'hôpital militaire de Bourbonne, les paraplégies qui se présentent le plus souvent à notre observation sont, par ordre de fréquence.

1° Paraplégies suite de myélite.
2° — rhumatismales.
3° — traumatiques.
4° — suites de fièvre grave.
5° — syphilitiques.

A l'établissement civil on observe de plus quelques paraplégies suites d'anémie, d'hystérie ou de chlorose chez des femmes ou jeunes filles. Quant aux paraplégies qui sont la conséquence de maladies des organes génito-urinaires, d'épuisement nerveux ou d'intoxication, elles sont assez rares à Bourbonne.

PARAPLÉGIE SUITE DE MYÉLITE.

La paraplégie qui est la conséquence de l'inflammation de la moelle épinière, est la plus fréquente et la plus grave de toutes. Elle est incurable quand il existe un ramollissement ou une induration étendue de la substance médullaire, celles qui nous sont envoyées sont rarement dans ce cas, grâce à Dieu. Ce qui le prouve ,c'est qu'elles sont presque toujours entrées dans la troisième phase de leur évolution, c'est-à-dire que l'amélioration est déjà commencée au début du traitement minéral.

Telle que nous la recevons à Bourbonne, la paraplégie est accompagnée de douleur ou d'inquiétude dans les membres inférieurs, de difficulté dans l'émission de l'urine et des matières, d'insensibilité plus ou moins complète de la peau *loco dolenti*, particulièrement à la plante des pieds. Si le malade peut marcher il lui semble qu'il appuie ses pieds sur un tapis épais, il n'a pas la conscience de la résistance du parquet. Enfin il est un phénomène qui complique trop fréquemment la paralysie des membres abdominaux, je veux parler de l'atrophie, symptôme toujours fâcheux et sur lequel j'aurai à revenir quand je m'occuperai de la faradisation adjuvante du traitement minéral.

PARAPLÉGIE RHUMATISMALE.

Cette affection ressemble exactement, quant aux symptômes, à celle que je viens de décrire. Il est cependant certain que, dans la majorité des cas la lésion de la moelle est moins profonde, aussi l'amélioration est-elle plus probable. M. Brown Séquard pense que la paraplégie rhumatismale dépend d'un épanchement sérieux dans le canal vertébral ou d'une congestion veineuse. Le plus souvent elle succède à un lumbago négligé. L'inflammation musculaire gagne-t-elle de proche en proche, ou retentit-elle sympathiquement sur la moelle; je l'ignore? ce qui est malheureusement certain, c'est la paralysie.

La paralysie rhumatismale, quoique moins grave que celle qui suit la myélite ordinaire, est cependant souvent rebelle à tous traitements. On ne doit pas attacher une trop grande importance à la paralysie du rectum et de la vessie plus fréquente ici peut-être que dans toutes les maladies du même genre, ces deux accidents disparaissent assez vite sous l'influence des eaux.

PARAPLÉGIE TRAUMATIQUE.

J'ai vu des miracles de guérison concernant cette catégorie d'affection. Des paraplégies produites par des fractures, luxations, contusions énormes de la région vertébrale se sont améliorées et guéries à Bourbonne. Malgré la règle que je me suis imposée de ne citer jamais d'observation (et la privation est grande, car j'en ai plus de quinze cents entre les mains), afin de ne pas être entraîné trop loin et trop grossir cet essai, je ne puis cependant passer sous silence celle de S... soldat d'artillerie de marine arrivé à l'hôpital militaire en mai 1869. Ce malheureux était tombé vingt et un mois auparavant d'un troisième étage et s'était brisé la colonne vertébrale en deux endroits, niveau de la sixième vertèbre dorsale et première lombaire, une énorme cicatrice à la région sacrée indique assez quelle contusion a été produite en même temps à cet endroit. Paraplégie complète, on apporte ce malade à mon cabinet d'électricité. Il existe une incontinence d'urine et la rétention des matières.

Cet homme qui, pendant vingt et un mois, malgré les traitements les plus énergiques, n'a obtenu qu'une amélioration insignifiante, a vu, après deux saisons à Bourbonne et quarante-quatre séances d'électricité, la sensibilité et la contractilité électro-musculaire nulles à l'arrivée, rétablies presque complétement au départ, les fonctions intestinales et vésicales régularisées, et enfin, fait plus curieux encore, ce militaire a pu *marcher*, avec l'aide d'un infirmier, dès le commencement de sa deuxième saison, depuis la salle qu'il occupe jusqu'à celle où mon service est établi, et séparées l'une de l'autre par une distance d'environ trente mètres. Je suis convaincu que les effets consécutifs seront excellents, et que S... guérira, ou peu s'en faut, l'année prochaine.

PARAPLÉGIE SUITE DE FIÈVRES GRAVES.

A l'article affaiblissements organiques, j'ai dit un mot de la paraplégie consécutive aux fièvres graves et en particulier à la fièvre typhoïde, à la variole et au choléra. J'ai émis l'idée, après M. Cabrol, que la véritable cause de cette paraplégie était la myélite déterminée directement par une inflammation de voisinage. J'ai remarqué, en effet, que presque tous les paraplégiques de cet ordre portaient les traces cicatricielles de larges escharres situées à la région vertébrale.

Le décubitus dorsal seul ne serait pas suffisant pour expliquer la paraplégie, car les fractures de cuisse, par exemple, qui nécessitent un séjour prolongé au lit, ne sont pas suivies de paralysie. Plusieurs causes agissent sans doute à la fois : la septicémie, la congestion, etc. Quoiqu'il en soit, autant l'affaiblissement organique est facile à guérir à Bourbonne, autant la véritable paralysie est réfractaire au traitement thermal.

Personne n'avait songé encore à séparer ces deux lésions si différentes. Je crois rendre un véritable service aux médecins, en établissant la distinction que j'ai faite, car le pronostic n'est plus le même dans le premier ou le second cas.

J'ai étudié plus en détail, dans une brochure « de l'électrité à Bourbonne, » les paralysies suites de fièvres graves, assez variées quoi qu'en général limitées à un ou deux membres. La paralysie des avant-bras, entr'autres, n'est pas rare ; elle cède facilement à l'application thermale. Je l'attribue à la persistance que certains malades mettent à ne pas tenir leurs bras sous les couvertures; le froid agit sur des parties prédisposées et produit une paralysie mixte, tenant également du rhumatisme et de l'état général.

J'ai parlé déjà des paralysies syphilitiques, elles s'améliorent, comme nous l'avons vu, assez vite à Bourbonne.

TRAITEMENT MINÉRAL DES PARAPLÉGIES.

La paraplégie comporte bien mieux encore que l'hémiplégie le traitement thermal, parce qu'elle n'est pas toujours, comme sa voisine, la conséquence d'un désordre pathologique, tombant sous le sens. Elle est souvent, au contraire, une maladie *sine materia,* pour employer une mauvaise expression, car il n'y a pas de maladie sans matière ; il n'existe que d'insuffisants observateurs ou d'insuffisants moyens d'observation. La cause de la paraplégie est fréquemment fugace, si je puis m'exprimer ainsi, les eaux en ont plus facilement raison que de l'hémiplégie.

Contre l'inertie du rectum, la douche ascendante bien appliquée pourrait rendre de signalés services. Je ne puis malheureusement que constater sa médiocre installation à l'établissement civil.

La douche à température élevée constituera presque tout le traitement de la paraplégie, surtout quand celle-ci aura le froid pour cause. Si, au contraire, elle est la conséquence d'abus vénériens, on administrera des douches fraîches ou froides, 25 ou 30°, chaudes, comme le fait judicieusement observer M. Renard, elles produiraient peut-être « une excitation plus propre à fomenter qu'à réprimer les entraînements habituels du malade. »

La colonne d'eau sera dirigée avec force sur les membres inférieurs, puis sur l'épine dorsale et les régions voisines, sans oublier le périnée. Le bain et l'eau à l'intérieur ne seront pas négligés dans la cure, mais, je le répète, la douche a pour moi une importance majeure.

PARALYSIE GÉNÉRALE.

La paralysie générale peut-être produite par une hémorrhagie cérébrale très-abondante, capable de désorganiser une grande partie du cerveau ou par un épanchement, même médiocre, dans les ventricules. Je ne m'occuperai pas de ces accidents qui se comportent exactement comme l'hémorrhagie cérébrale ordinaire et demandent le même traitement, puisqu'ils ont la même cause. J'arrive de suite à l'affection que l'on est convenu d'appeler paralysie générale progressive, et qui est produite par le ramollissement de la couche corticale du cerveau, suivant M. Parchappe.

Cette paralysie atteint primitivement toutes les parties du corps; elle s'accompagne de désordres graves dans les facultés intellectuelles et surtout d'embarras de la parole.

M. Falret admet quatre variétés de paralysie générale. 1° Variété congestive; 2° variété paralytique, la plus fréquente, débutant par de l'hésitation dans certains mouvements et une altération marquée de l'intelligence; 3° variété mélancolique; 4° variété expansive. Ces deux dernières divisions rentrent dans la paralysie générale des aliénés qui ne renferme pas absolument les deux premiers cas.

M. Durand Fardel, très-versé, comme on sait, dans l'étude des maladies du cerveau, estime que la paralysie générale contre-indique le traitement minéral. Je vois de temps à autre des cas de ce genre ; le succès n'est jamais bien brillant à Bourbonne, comme ailleurs, cependant les eaux chlorurées sont peut-être encore le meilleur moyen connu à leur opposer.

PARALYSIES LOCALISÉES.

L'hémiplégie, la paraplégie sont des paralysies localisées, mais considérant avec raison qu'elles dépendent de lésions graves du système nerveux central, les auteurs les étudient à part. Sous le nom de paralysies localisées, je comprend seulement le trouble accidentel qui survient dans les fonctions actives d'un ou plusieurs nerfs, trouble causé le plus ordinairement par le froid, la compression, contusion ou blessure du cordon nerveux lui-même, les impressions morales vives, la suppression des règles ou d'une éruption morbide, etc.

Les paralysies localisées les plus fréquentes sont :

l'hémiplégie faciale et la paralysie du deltoïde à la suite de chute ou de choc sur l'épaule.

HÉMIPLÉGIE FACIALE.

La paralysie de la septième paire est presque toujours de nature rhumatismale, elle se prend merveilleusement bien en voiture, quand une joue est exposée à l'air froid qui souffle par une portière ent'rouverte, elle est quelquefois aussi la conséquence de l'application du forceps, j'en ai cité plusieurs exemples dans ma thèse.

Parmi mes observations, je relève la suivante, qui est particulièrement remarquable. J'ai eu à électriser à l'hôpital le capitaine A... qui contracta une hémiplégie faciale de la manière que voici. Un matin, sans avoir éprouvé les jours précédents une fièvre bien accusée, le capitaine s'éveilla la figure couverte de boutons de varioloïde; adjudant-major, il devait tracer ce jour même la route de son régiment et il tenait à ne pas manquer à ce devoir. M. A... avait entendu dire que les applications d'eau froide faisaient rapidement disparaître les éruptions, il n'hésita pas à se débarbouiller immédiatement avec de l'eau glacée. Son attente ne fut pas trompée, les boutons disparurent comme par enchantement, mais en même temps, *deux heures* après l'emploi de ce singulier moyen abortif, la bouche était tirée à gauche et le côté droit de la face s'était aplati d'une façon sensible. M. A... resta plusieurs semaines au lit à la suite de cette aventure pour y être traité d'une variole intestinale confluente qui mit ses jours en danger ; quant à l'hémiplégie, elle s'était accentuée pendant ce temps. A Strasbourg, M. A... fit usage de l'électricité pendant deux mois sans succès. A Bourbonne, les eaux et l'électricité produisirent une amélioration remarquable et dont furent surprises toutes les personnes qui connaissaient le capitaine.

Je le répète encore, l'impression du froid est, de beaucoup, la cause la plus fréquente de l'hémiplégie faciale. Cependant les blessures de la septième paire ne sont pas rares dans l'enlèvement des tumeurs de la région parotidienne ; les contusions du nerf facial sont également assez communes.

J'ai observé plus de quinze hémiplégies faciales à Bourbonne, le plus grand nombre a été amélioré par des douches chaudes, administrées avec un arrosoir très-fin. L'électricité m'a été d'un plus grand secours encore.

PARALYSIE DU DELTOÏDE.

Chez les cavaliers, cette paralysie est fréquente à la suite de chute sur l'épaule avec ou sans luxation. Elle ne reste pas toujours limitée au deltoïde, souvent elle gagne le membre supérieur tout entier et devient extrêmement difficile à guérir. Son mécanisme a soulevé maintes discussions.

J'ai, dans mon essai sur la paralysie suite de contusion des nerfs, rangé sous cinq chefs les causes invoquées par les auteurs: 1° Déchirure des nerfs (Flaubert); 2° Compression des nerfs (Van-Swieten, Bichat, Boyer, Asthley-Cooper); 3° Commotion nerveuse, (Malgaigne); 4° Lésion du tissu musculaire (Empis); 5° Contusion des nerfs, et en particulier du nerf circonflexe (Nélaton).

La paralysie du deltoïde se comporte exactement comme celles qui sont la conséquence de la contusion des nerfs, paralysies fréquentes dans les cordons nerveux qui rampent superficiellement près des os, par exemple le nerf frontal, le cubital entre l'olécrâne et l'épitrochlée, le nerf fémoral à son passage sur le pubis, le nerf sciatique au niveau de la tubérosité de l'ischion; j'ai déjà parlé du nerf circonflexe huméral.

Toutes ces contusions ainsi que les paralysies qu'elles entraînent, guérissent assez bien à Bourbonne quand il n'y a pas un dommage trop considérable dans la substance nerveuse ; elles comportent le traitement minéral le plus énergique et l'emploi de la faradisation.

Les paralysies, comme j'ai cherché à le démontrer, sont presque toujours occasionnées par une lésion grave des centres ou des cordons nerveux. Toutes cependant ne sont pas renfermées dans le cadre que je viens de tracer, il en est qui semblent uniquement fonctionnelles, car elles échappent aux investigations anatomiques les plus délicates.

La diminution ou l'altération des éléments du sang explique suffisamment la paralysie qui accompagne ou suit l'anémie ou la chlorose, mais quant à la cause intime des paralysies nerveuses ou vaporeuses comme les appelle Chevalier, elle paraît plus difficile à saisir et déroute les praticiens.

L'hystérie est de toutes les névroses la maladie qui produit le plus souvent la paralysie. Macario voit dans cet accident une déperdition, une véritable hémorrhagie du fluide nerveux ; Valerius, l'affaiblissement de la polarité électrique des muscles ; Brown-Séquard, une paralysie réflexe; Brodie, le défaut d'impulsion nerveuse motrice centrale.

Les recherches de ces auteurs sont fort intéressantes certainement, mais bien plus encore pour nous celles de Chevalier qui, sur quinze cas de paralysies hystériques relevés à Bourbonne, constate quinze améliorations ou guérisons.

II. ATAXIE.

Cette affection singulière, connue depuis fort longtemps à Bourbonne et définitivement séparée du groupe des paraplégies par Duchenne de Boulogne, est caractérisée par un défaut de coordination des mouvements volontaires compliqué ou non de paralysie de la sensibilité et du mouvement.

Cette maladie paraît produite par une lésion particulière de la moelle consistant dans le ramollissement des cordons postérieurs dans une étendue variable, et l'atrophie des racines postérieures des nerfs.

Le début de l'ataxie locomotrice est presque toujours signalé par des douleurs extrêmement vives, dont le siége varie à l'infini, et par une paralysie très-marquée des nerfs moteurs de l'œil et des nerfs optiques. Un peu plus tard le malade accuse une grande faiblesse dans les membres inférieurs, il jette la jambe en se pressant s'il veut changer de place ;

la marche devient rapidement saccadée et difficile, dans l'obscurité ou si l'ataxique ferme les yeux, elle est complétement impossible. Les membres supérieurs se prennent à leur tour, le malheureux infirme ne peut se servir convenablement de ses mains, il exécute les mouvements les plus bizarres, et ses tentatives pour boire ou manger seul sont presque constamment infructueuses. Il y a généralement en même temps diminution de la sensibilité électro-musculaire de la peau et des muscles.

Les causes de l'ataxie n'ont pas été étudiées jusqu'ici. Les auteurs ont laissé faute d'éléments, je crois, dans une parfaite obscurité, cette très-importante question. A Bourbonne, nous sommes mieux placés que qui que ce soit pour combler cette lacune. Je n'ai pas la prétention de le faire, mais d'y contribuer suivant mes forces.

Voici, dans leur ordre de fréquence les causes, que j'ai pu saisir chez les cinquante ataxiques soumis jusqu'ici à mon observation. On ne m'objectera pas, j'espère, que j'ai pris des paraplégiques pour des ataxiques ; à la démarche seule, je me fais fort de reconnaître infailliblement un ataxique.

1° Fatigues excessives.

2° Fièvres graves, maladies prolongées, déperditions organiques. Est-ce à cause du decubitus dorsal qui dure souvent des semaines et des mois ? je le crois.

3° Excès vénériens.

Je sais que plusieurs médecins ont regardé les excès vénériens comme effet et non comme causes de l'ataxie. C'est, je pense, une grave erreur. Rien n'annonce l'ataxie quand se produisent les abus de coït, ils sont souvent même déterminés par une occasion ou un hasard marqué, tels que violente passion ou tempérament génital exagéré ; aussi je n'hésite pas à conserver cette cause que j'ai observée souvent.

4° Refroidissements et rhumatismes.

5° Chagrins et nostalgie.

Les soldats de marine sont bien plus exposés que les autres à devenir ataxiques et j'ai la conviction que leur malheureux état est dû souvent au regret de la patrie absente.

6° Hérédité.

7° Chutes sur les reins et la tête.

Quelles déductions thérapeutiques peut-on tirer de l'etiologie? de très-sérieuses, si l'ataxie est une névrose comme le veut Trousseau, de médiocres si dans tous les cas on trouve des lésions anatomiques profondes, et malheureusement il en est ainsi, je le crains.

Le médicament le plus employé par la majorité

des médecins dans l'ataxie est le nitrate d'argent. Les eaux de Bourbonne en boisson, bains et douches, grâce à leurs propriétés excitantes, donnent des résultats bien autrement avantageux ; surtout si on y ajoute l'emploi de l'électricité. J'ai dit ailleurs qu'elles ne fournissaient pas dans l'ataxie locomotrice des succès aussi brillants que dans certaines autres maladies ; en revanche, je crois que, concurremment avec la faradisation, elles sont et seront longtemps encore le meilleur moyen à opposer à la sérieuse affection que je viens d'étudier.

III. NÉVRALGIES.

La névralgie consiste dans une douleur plus ou moins vive qui a son siége sur le trajet d'un nerf; elle est plus pénible à certains points spéciaux qui sont, comme le dit Valleix, des foyers douloureux d'où partent, à des intervalles variables, des élancements et autres souffrances analogues.

Les livres d'hydrologie ont bientôt réglé le compte des névralgies. Elles comportent, disent-ils, le même traitement que le rhumatisme, et nécessitent surtout l'emploi des eaux chlorurées à minéralisation faible. Les médecins en général s'occupent plus de la thermalité que de la minéralisation des eaux qu'ils conseillent contre les névralgies.

Il y a là, je crois, une grave erreur, et tous mes confrères de Bourbonne me donneront raison, je pense; car, comme moi sans doute, ils voient chaque année plusieurs sciatiques retour de Luxeuil ou de Plombières. A ces stations, l'effet cherché manque souvent, et ce n'est qu'à son défaut absolu que les malades se décident à essayer d'eaux qu'ils jugent plus énergiques. Rarement leur attente est trompée à Bourbonne; et pour ne prendre que la statistique que j'ai en ce moment sous les yeux, je dirai que M. Tamisier a obtenu, sur 74 sciatiques, 20 guérisons immédiates et 39 améliorations.

Les eaux agissent de plusieurs façons contre les névralgies, d'abord, par révulsion à la peau, si on emploie une thermalité élevée, pouvant produire une sudation et une rubéfaction marquées. La douche exerce en outre une sorte de massage éminemment favorable. Il est hors de doute également que les eaux toniques salines activent la nutrition du système nerveux. Pour faciliter ces effets divers, l'administration des eaux devra être complète et judicieusement dirigée. Les précautions hygiéniques seront exagérées par les personnes atteintes de névralgie, c'est pour elles surtout que je les ai si minutieusement décrites dans un article spécial.

Les névralgies sciatique, intercostale et faciale sont les plus fréquentes; les névralgies occipitale et lombo-abdominale se présentent plus rarement à notre observation.

SCIATIQUE.

On donne le nom de sciatique à la névralgie du grand nerf de ce nom. Elle consiste en une douleur vive, siégeant de préférence au niveau du sacrum, de l'articulation de la cuisse, du grand trochanter, sur tout le parcours du nerf le long de la cuisse, dans le creux du jarret, au niveau de la tête du péroné et de la malléole externe. La pression du doigt et les mouvements augmentent cette douleur dont la cause occasionnelle est de beaucoup le froid humide.

Quand la sciatique a récidivé une ou plusieurs fois, quand le traitement et les soins hygiéniques n'ont pas été parfaitement suivis dans l'intervalle des accès, elle devient chronique et souvent erratique. Sa marche et ses allures ne sont plus aussi franches, le traitement ordinaire manque son effet, et le patient est, en désespoir de cause, dirigé seulement sur une station minérale.

Le traitement hydro-thermal sera presque toujours assuré dans les névralgies en nappe, celles qui occupent une grande surface et encore dans celles qui sont mobiles et superficielles. Si la douleur est profonde, fixe et ancienne, trois choses qui vont presque toujours ensemble, les applications fortes ne seront pas de trop. Employez la douche brûlante et à grand canal, vous augmenterez peut-être la douleur en commençant, mais en même temps vous la déplacerez, et ce déplacement sera le premier indice de l'amélioration. Une fois la douleur délogée, modérez le traitement, revenez aux bains et aux douches tièdes qui conviennent si bien aux névralgies superficielles et mobiles; dirigez la douche obliquement chez les personnes nerveuses et même par réflexion quand il y a une susceptibilité extrême ; augmentez chaque jour son intensité et sa température. Réservez la douche perpendiculaire *loco dolenti* pour les vieilles sciatiques fixes, non-seulement à cause de l'effet immédiat, mais encore en prévision même de l'exacerbation consécutive.

Si de trop vives et trop durables douleurs se produisent, j'ai constamment recours au bromure de potassium ; s'il manque son effet, chose rare ici, car il s'allie merveilleusement avec les sels de nos eaux, j'administre le chlorhydrate de morphine par la méthode endermique.

Il est très-important que les malades n'oublient jamais d'appliquer sur la peau bien sèche une flanelle étroite bien chaude.

Il existe souvent deux espèces de douleurs dans

une même cuisse, l'une permanente, sourde, gênant la marche et donnant au membre une sensation de pesanteur incommode, cette douleur simule quelquefois assez bien la paralysie ; elle peut, du reste, s'accompagner d'atrophie ou au moins d'amaigrissement des muscles; elle comporte un traitement minéral prolongé: les bains, douches et boisson seront administrés comme pour le rhumatisme léger. La deuxième douleur est aiguë et intermittente; j'ai indiqué le traitement qui lui convient. Quand ces deux douleurs existent à la fois, ce qui est fréquent, on est obligé à plus de précautions ; il faut tâter, essayer les moyens qui conviendront le mieux, en passant, comme de juste, des plus doux aux plus forts.

NÉVRALGIE INTERCOSTALE.

La névralgie intercostale siége principalement entre la septième et la huitième côte, plutôt à gauche qu'à droite, avec trois foyers de douleur bien marqués; l'un en arrière ou vertébral, l'autre latéral, et le dernier antérieur ou sternal. Dans tout l'espace intercostal affecté, et même sur une étendue du thorax bien plus considérable, la douleur est sourde, permanente, s'exaspérant surtout par les mouvements brusques ;

quant aux trois foyers, leur présence est facile à constater par la pression digitale ; ils sont les points de départ des grandes et vives douleurs qui durent peu heureusement, car elles sont extrêmement pénibles.

Les névralgies intercostales, ainsi queles suivantes sont rares à l'établissement civil, mais communes à l'hôpita Leur traitement comporte l'applica tion délicate de la douche tiède et en arrosoir fin, par réverbération seulement sur le côté gauche.

NÉVRALGIE FACIALE.

Le froid est encore la cause la plus commune de la névralgie faciale, cependant je dirai qu'ici les lésions chirurgicales agissent plus souvent qu'ailleurs, et je placerai en première ligne la carie des dents.

De toutes les névralgies, de toutes les maladies, devrais-je dire, la névralgie faciale est la plus douloureuse et la plus difficile à soulager. Celles que nous recevons ne sont pas toujours extraordinairement graves, cependant elles s'accompagnent souvent d'hypérestésie de la peau, de larmoiement et quelquefois même de paralysie du mouvement.

L'électricité prenant à mon avis le rôle principal

dans le traitement des névralgies, j'aurai à y revenir plus tard.

6° Traumatismes et Maladies chirurgicales diverses.

« Les coups, contusions, les cicatrices, les vulneres et playes soyent d'espée, baston, pierre ou balle se trouvent bien à Bourbonne. » Cette assertion de Jean Lebon n'a jamais été contestée je crois, et on peut dire avec raison que le plus grand nombre des médecins regarde les eaux de Bourbonne comme spécifiques contre les accidents qui résultent des traumatismes.

Je vais passer en revue les affections chirurgicales qui peuvent être améliorées ou guéries par un traitement minéral bien entendu.

ENTORSES ET LUXATIONS.

Le mouvement forcé qui produit l'entorse ne déplace que temporairement les surfaces articulaires, il les dissocie d'une façon permanente s'il s'exagère au point d'amener une luxation, accident qui comporte toujours une opération chirurgicale destinée à rétablir le contact des os et le fonctionnement régulier de la jointure. Dans les deux cas, outre la contusion des tissus et quelquefois la fracture des os, il existe constamment un tiraillement marqué ou une rupture complète des ligaments, des tendons, des muscles, des vaisseaux et des nerfs qui avoisinent l'articulation atteinte, la synoviale elle-même est souvent meurtrie ou déchirée.

Les accidents que je viens d'enumérer, et qui sont tous possibles dans les luxations et les entorses, entraînent des conséquences graves, surtout par la nécessité impérieuse où se trouve le chirurgien d'exiger une immobilité complète et prolongée de la partie malade. Le repos absolu d'une articulation saine, quand il dure un mois ou deux amène presque toujours la faiblesse momentanée des mouvements. Quand une fracture de jambe, par exemple, est guérie, le patient est tout étonné de ne pouvoir fléchir le genou ou le pied ; petit à petit la force musculaire reparaît, mais il n'est pas rare de la voir se faire attendre longtemps. S'il en est ainsi quand l'articulation n'a pas de mal, qu'adviendra-t-il si elle est immobilisée après avoir été atteinte de tout ou partie des accidents que j'ai dits, s'il y a par exemple, déchirure des ligaments, des vaisseaux et des nerfs, contusion des tissus, etc., toutes choses qui se trouvent fréquemment dans l'entorse et presque toujours dans la luxation.

Les eaux de Bourbonne sont merveilleuses précisément contre la faiblesse, la tuméfaction, l'endolorissement des articulations tiraillées ou disjointes. Le bain et la douche seront surtout éminemment utiles chez les personnes lymphatiques victimes de traumatisme articulaire lent à guérir et capable de donner lieu à une tumeur blanche.

L'application des boues minérales en topiques rend souvent des services marqués dans le cas particulier dont il s'agit, ce moyen est trop oublié par les médecins, j'estime moins les fomentations d'eau minérale ; j'ajouterai que ces applications nécessitent des précautions et une certaine manière de faire ; car, très-chaudes, elles congestionneraient une partie qui ne l'est que trop ; prolongées, elles ramolliraient des tissus déjà engorgés par un excès de liquides et relâchés outre mesure.

La douche comportera plus encore une surveillance exacte, elle ne sera jamais très-chaude ni de longue durée, il est rare à moins d'atonie extrême que le demi-canal demande à être dépassé, le plus souvent même, on devra s'en tenir à l'arrosoir.

Sur une tumeur blanche, dirigez une douche discrète, maintes fois le bain et l'eau à l'intérieur avec quelques fomentations de boues minérales seront seules indiquées.

FRACTURES.

Les fractures comme les entorses et les luxations laissent après leur guérison, de la faiblesse, du gonflement, des douleurs plus ou moins vives, un amaigrissement marqué du membre victime de l'accident initial. Il est probable, comme je l'ai déjà dit, que les moyens contentifs employés, produisent tout ou partie de ces diverses complications qui, du reste, guérissent vite à Bourbonne.

La syphilis, le cancer, la goutte, le scorbut, le rhumatisme peut-être, les fièvres graves, le rachitisme, une coaptation imparfaite, et plus que tout cela, un bandage mal exécuté empêchent quelquefois la consolidation d'une fracture ou entraînent la formation d'un cal peu solide, qui peut se rompre sous l'influence d'un choc insignifiant. Si le malade se trouve à Bourbonne quand arrive l'accident ou s'il y est venu précédemment, on ne manque pas de dire que les eaux ont ramolli le cal, que leur emploi est pernicieux si la fracture n'a pas dix-huit mois de date comme l'a avancé M. Mêlier.

M. Renard dans sa longue pratique, M. Cabrol et je puis dire, je crois, tous les médecins civils et militaires qui ont observé les effets des eaux de Bourbonne, n'ont jamais vu de ramollissement du cal causé par le traitement minéral. L'observation de MM. Tamisier et T. Causard ne me semble pas concluante, ces deux médecins n'y ont jamais du reste attaché une grande importance.

Que tout le monde se rassure, que personne n'appréhende les eaux de Bourbonne, même dans les cas de fracture récente. Si le cal est solide, si la constitution du blessé est bonne, j'affirme à l'avance que le seul phénomène produit par le traitement minéral sera l'amélioration demandée.

Pour en finir avec ce sujet, je dirai que M. Bougard a eu la patience dans les *Eaux salées chaudes de Bourbonne* de reproduire les passages des différents auteurs qui ont étudié le ramollissement du cal des fractures à Bourbonne. Tous les faits reproduits par notre confrère sont évidemment copiés les uns sur les autres, et Baudry me paraît responsable de cette grande mystification qui a trouvé place dans chaque publication nouvelle.

L'application des eaux variera bien entendu suivant le but qu'on se propose d'atteindre. Contre la faiblesse musculaire, l'amaigrissement, l'insensibilité de la région blessée, la cure sera énergiquement conduite, une douche forte et prolongée ne sera pas de trop pour combattre l'inertie ou la paralysie des muscles et de la peau.

S'il existe de l'œdeme, du gonflement, des douleurs au niveau de la fracture, l'emploi de la douche sera réservé, non pas à cause de la possibilité d'une rupture du cal, mais bien de l'exagération des accidents contre lesquels on est appelé à agir.

CONTUSIONS.

J'ai déjà parlé des contusions des nerfs, j'y reviendrai encore à propos des applications du galvanisme. Les contusions de la peau, du tissu cellulaire, des muscles et des vaisseaux peuvent quand elles sont suivies de perte de substance, de suppuration, d'induration, d'épanchement ou collection, indiquer le traitement minéral. Les contusions des os ressemblent beaucoup aux fractures et comportent à peu près les mêmes soins.

BLESSURES. CICATRICES. CONGÉLATIONS.

Les fractures occasionnées par les coups de feu sont toujours graves, elles laissent après elles des suppurations intarissables entretenues par la présence au sein des tissus d'esquilles, de balles, de fragments d'étoffe ou encore par la nécrose des extrémités osseuses. Les eaux déterminent autour de ces corps étrangers une vive inflammation accompagnée d'une sécrétion abondante de pus qui entraîne au dehors les matières irritantes.

Il est fréquent de voir à Bourbonne des militaires qui récoltent en quelques jours un nombre considérable d'esquilles, c'est ainsi qu'en peu de temps se tarissent des trajets fistuleux qui duraient depuis plusieurs années.

L'application de la douche sera surveillée de près quand se produiront les phénomènes favorables que je viens de signaler. Il peut être utile d'injecter de l'eau minérale dans les fistules, surtout quand des corps étrangers y sont engagés.

Les blessures par armes à feu, comme celles qui sont produites par les armes blanches, laissent souvent après elles des cicatrices adhérentes et douloureuses. L'application convenable des eaux produit, dans un certain nombre de cas, la rupture des adhérences, et fait plus curieux encore, l'allongement du tissu cicatriciel.

M. Therrin a établi d'une manière positive « la supériorité de nos eaux dans les accidents graves produits par une forte congélation. Tous les militaires de la garde impériale envoyés à Bourbonne à la suite de la guerre de Russie y ont éprouvé des soulagements notables. »

ANKYLOSES.

L'ankylose est caractérisée par l'abolition ou la gêne des mouvements d'une articulation. Si les mouvements sont abolis, il y a soudure des os, l'ankylose est complète et son traitement nul, une opération chirurgicale grave pourra seule remédier à ce fâcheux état. S'il y a gêne des mouvements et possibilité d'en exécuter même de très-minces, les eaux seront parfaitement indiquées.

Les ankyloses incomplètes, sont produites par l'érosion ou le desséchement des surfaces articulaires, par l'épaississement de la synoviale, l'induration du tissu cellulaire, le défaut de souplesse des ligaments ou la rétraction des muscles. Toutes ces causes agissent séparément ou à la fois, elles sont le plus souvent déterminées par l'immobilité prolongée de l'articulation à la suite de fracture, d'entorse ou de luxation dans son voisinage ; par l'inflammation, les plaies, les contusions, les fractures ou luxations de l'articulation elle-même.

Les mouvements sont plus ou moins bornés, plus ou moins douloureux dans l'ankylose incomplète; le traitement thermal a plus ou moins de difficulté à vaincre. Il est rarement tout à fait inefficace dans les formes graves, c'est-à-dire celles dont la cause est intra-articulaire; il est presque toujours très-avantageux dans les formes légères, celles qui sont occasionnées par l'épaississement, l'induration ou la rétraction des parties molles externes.

La douche très-forte et prolongée sera particulièrement utile ainsi que les cataplasmes de boue minérale dans l'ankylose indolore. Quant à celle qui est accompagnée de gonflement péri-articulaire et de douleur, son traitement ressemblera à celui que j'ai indiqué pour le rhumatisme et l'entorse, il faudra procéder doucement et observer avec soin les effets produits par les premières douches.

Il est indispensable que le malade cherche à étendre, pendant l'application minérale et immédiatement après, les mouvements possibles la veille. Le massage bien dirigé pourra rendre des services, à condition qu'il sera mené très doucement; plusieurs garçons de bains sont exercés à cette pratique que je recommande souvent.

HYDARTHROSE.

L'hydarthrose chronique trouve à Bourbonne un traitement approprié. L'hydropisie de la séreuse articulaire du genou, à la suite d'entorse ou de chute, est de beaucoup la plus fréquente; elle comporte des douches légères et tièdes.

Le retour à l'état aigu étant toujours à craindre, le malade prendra garde que les phénomènes qui accompagnent l'application des eaux ne suivent une marche trop rapide. Je crois que le développement d'accidents aigus peut déterminer quelquefois une guérison définitive; mais je crois aussi qu'ils peuvent exagérer l'état chronique et qu'ils sont le plus souvent pernicieux.

Je conseille donc de protéger l'articulation malade avec une compresse pliée en plusieurs doubles pendant la durée de la douche, et de supprimer complétement le traitement thermal, si la peau devient chaude ou rouge.

L'hydarthrose est fréquente et tenace chez les sujets lymphatiques ; elle comporte, dans ce cas, des bains prolongés, des douches fortes et la boisson abondante. Si, au contraire, elle est la conséquence de chute ou choc, sans prédisposition lymphatique, les douches seules et le massage suffiront presque toujours pour amener une amélioration marquée.

QUATRIÈME PARTIE

CURE COMPLÉMENTAIRE A BOURBONNE.
ÉLECTRICITÉ. — SOURCES MAYNARD
ET DE LARIVIÈRE.

CHAPITRE PREMIER

Electricité.

CONSIDÉRATIONS GÉNÉRALES.

M. Villaret paraît être le premier médecin qui ait songé à l'emploi du galvanisme comme médication adjuvante du traitement minéral à Bourbonne. M. Cabrol a largement vulgarisé cette méthode introduite à l'hôpital militaire en 1854. J'ai, après ces deux initiateurs, cherché à faire ressortir les avantages de la faradisation dans nombre de maladies tributaires de nos eaux ; je ne revendique pour mon compte qu'une spécialisation plus définie, pouvant se résumer en cette proposition : régulariser, à l'aide de courants gradués, les fonctions du système nerveux, lorsqu'elles sont affaiblies ou troublées.

Depuis 1863 jusqu'à ce jour, j'ai électrisé plus de douze cents malades, tant à l'hôpital militaire que dans ma pratique civile. Chaque année, j'ai présenté au médecin en chef de l'hôpital les résultats obtenus dans mon service ; les considérations qui vont suivre ne sont en quelque sorte qu'un extrait de ces divers mémoires, et les observations intercalées sont prises presque au hasard et, si j'osais m'exprimer ainsi, dans le tas.

Avant de juger et d'estimer les faits que je vais exposer, le lecteur tiendra compte, j'espère, de l'état où se trouvent les malades envoyés aux eaux. Ce sont toujours ceux qui se sont montrés réfractaires à tous les traitements connus, et naturellement les médecins ne nous les envoient que parce qu'ils ne peuvent les guérir. A l'hôpital, je n'électrise que les plus malades de ce choix déjà désastreux. Quand donc j'annonce des succès, comme ceux que j'enregistre chaque jour, on peut et on doit tenir en haute estime le traitement qui les procure.

Dans ma brochure de *l'Electricité à Bourbonne*, j'ai étudié le rôle qui incombe à l'électricité et aux eaux dans une amélioration obtenue avec le concours simultané de ces deux précieux agents thérapeutiques.

J'ajouterai, que certains malades ont souvent pris vingt bains et autant de douches à l'époque où ils me sont adressés, et sans résultat apparent. Au bout de trois ou quatre séances électriques, il n'est pas rare de constater chez eux une amélioration sur laquelle ils ne comptaient plus. Si on suspend la faradisation, en continuant l'usage des eaux, l'amélioration quelquefois s'arrête net et ne fait plus de progrès ; mais le branle est donné, et en général elle persiste dans sa marche ascendante ; souvent elle naît sous les pinceaux mêmes, c'est au moment de la faradisation qu'elle se produit ; c'est sous son influence qu'elle se maintient définitivement.

« On m'a objecté, si l'électricité est si puissante, à quoi bon les douches et les bains ? Nous prendrons l'électricité à domicile. Si c'est un remède héroïque, nous pouvons parfaitement nous passer des eaux. Dans certains cas, c'est possible, mais dans le plus grand nombre, non. J'ai vu employer l'électricité dans les hôpitaux de Paris, je l'ai employée moi-même d'après les données ordinaires. J'ai vu faire M. Duchenne, mais je n'ai jamais observé de succès comparables à ceux que l'on obtient chaque jour à Bourbonne.

« Les eaux amènent par leur usage prolongé la résorption des engorgements, elles produisent une détente salutaire dans les tissus voisins des fractures, luxations, entorses, etc. Les nerfs, n'étant plus pressés ni changés de place dans leurs rapports anatomiques, sont tout prêts à recevoir le courant électrique, à en éprouver les heureux effets, et à reprendre une légitime influence sur les muscles et la peau. L'organisme tout entier est de plus saturé de sel après quelques bains, et comme chacun sait, le sel est excellent conducteur de l'électricité.

« Par ces raisons et beaucoup d'autres encore, le traitement mixte préconisé à Bourbonne est souverain dans un nombre considérable de cas et souvent des plus désespérés. » (Electricité à Bourbonne).

Il suffit d'interroger nos malades, dont quelques uns très-intelligents, suivent avec un intérêt facile à concevoir le traitement dont ils sont l'objet, pour être bien convaincu que c'est à l'électricité qu'ils rapportent avec raison, une bonne partie, quelque fois même la totalité de l'amélioration produite chez eux.

L'électricité agit presque toujours instantanément ; fugace d'abord, l'amélioration est quelquefois persistante d'emblée ; en tout cas elle le devient facilement à la longue. Ce mieux, rapidement déterminé chez la très-grande majorité de nos malades, consiste en une souplesse, une légèreté singulière des membres paralysés. J'ai pu me convaincre par une observation attentive qu'une très-grande résistance à la fatigue en est la conséquence. Tel malade qui marche péniblement à l'ordinaire, après la séance électrique, se trouve capable de faire sans grande difficulté un ou plusieurs kilomètres, ce fait est surtout fréquent chez les hémiplégiques.

Quelquefois, au contraire, après l'application de l'électricité, il se produit un engourdissement pénible du membre faradisé. Ce phénomène annonce que la dose convenable a été dépassée; mais il ne faut pas confondre cet engourdissement désagréable avec une sorte de plénitude, de surabondance de vie qui se manifeste souvent dans les mêmes circonstances; la première sensation n'est pas très-fâcheuse, mais la seconde est extrêmement favorable. J'ai eu l'occasion maintes fois de constater l'un et l'autre effet, je crois être arrivé à préserver mes malades du premier et à faire naître le second. Je vais entrer à ce sujet dans quelques considérations pratiques de la plus haute importance.

MODE OPÉRATOIRE.

Chaque malade soumis à la faradisation jouit d'une susceptibilité électrique qui lui est propre. Ce ne sont pas toujours les plus paralysés qui peuvent supporter le courant le plus énergique. Il faut tenir compte de l'inquiétude que le traitement cause à quelques-uns, timorés à l'excès et prêts à entrer en convulsion quand il commence au minimum. Il faut tâter le malade, il faut débuter avec prudence par un courant presque insensible qu'on élevera lentement en observant et interrogeant le patient, le distraire s'il est possible de l'attention qu'il porte à la machine, mais ne le surprendre jamais.

Je dirai au débutant électricien : Quand le malade dit assez, arrêtez ; mais soyez bien convaincu que le lendemain, vous pourrez augmenter l'intensité et la durée de l'application ; l'habitude commence, l'effroi cesse, la confiance naît et vous pourrez tirer chaque jour davantage la tige graduatrice jusqu'à ce que l'amélioration se prononce. Quand vous serez obligé de diminuer la dose qui a été supportée la veille, c'est que la sensibilité revient, le mouvement n'est pas loin. Et comme vous avez commencé, terminez, doucement, insensiblement. Dans aucun cas n'exigez que votre malade supporte un courant trop violemment perçu et vous n'aurez jamais d'engourdissement prolongé. Ce que je dis pour l'intensité du courant, je le dis également pour sa durée.

Un grand nombre de médecins n'éprouve que des déceptions dans l'usage de la faradisation. J'en suis peu surpris, plus que tout autre agent thérapeutique, l'électricité demande à être appliquée avec méthode et discrétion. Le résultat dépend presque toujours du savoir-faire de l'opérateur. Dans une séance de huit ou dix minutes, la dose d'électricité variera donc depuis le commencement jusqu'à la fin. Au début et en terminant, elle sera minimum, au milieu maximum. Mais encore suivant la région à laquelle vous aurez affaire, elle devra subir des variations. A la partie interne des membres, par exemple, vous n'emploirez jamais un courant aussi énergique qu'à la partie externe, parce que vous y trouverez des nerfs plus nombreux et des muscles plus excitables.

A propos du mode opératoire, une difficulté assez grande surgit tout d'abord dans le traitement électrique ; elle a été soulevée plusieurs fois devant moi par les médecins militaires et civils qui m'ont vu opérer. Pourquoi m'ont-ils dit, appliquez-vous les éponges à ce malade et le bain faradisé à cet autre ? Pourquoi? Parce que j'ai essayé sur ce même malade les deux modes et que l'un a paru agir plus efficacement que l'autre. En général, avant de vous prononcer définitivement pour une manière, essayez les deux. Si vous avez une paralysie localisée dans un seul muscle, employez d'abord l'éponge, pour toutes les névralgies, l'éponge encore et le pinceau métallique, et quoiqu'en dise M. Duchenne, ne ménagez pas votre malade. Dans une hémiplégie complète, essayez le bain pour commencer, de même pour les paraplégies. Quant à des règles absolues, il est impossible d'en établir, car, je le répète, dans des conditions qui paraissent semblables, le bain m'a réussi mieux que l'éponge et réciproquement.

INDICATIONS ET CONTRE-INDICATIONS DU TRAITEMENT ÉLECTRIQUE A BOURBONNE.

L'électricité est indiquée dans la plupart des maladies envoyées à Bourbonne ; il est clair cependant qu'il existe des exceptions. Un enfant lymphatique, scrofuleux nous est adressé ; les eaux agiront efficacement chez lui, car elles sont toniques, stimulantes; sous leur influence les organes prendront un surcroît d'activité, et tous les phénomènes que j'ai décrits ailleurs, se succéderont dans un ordre prévu ; la faradisation n'a rien à faire ici, mais combien ailleurs !

L'électricité est régulatrice de la fonction nerveuse comme le fer est le régulateur de la fonction menstruelle. Qu'il y ait excès ou défaut, névralgie ou paralysie, l'électricité rétablit l'équilibre détruit, elle excite les centres nerveux par l'intermédiaire des nerfs sensitifs, moteurs ou mixtes, et les dispose à distribuer de nouveau la dose de fluide nécessaire pour le fonctionnement régulier des organes.

Paralysies et *névralgies*, telles sont les deux grandes indications du galvanisme.

Il est bien entendu que je comprends sous le nom de paralysie la gêne, la difficulté des mouvements qui peut se produire sous mille influences et particulièrement le rhumatisme. Je donne au mot paralysie toute l'extension dont il est capable, de même pour le mot névralgie.

Voici comment je range les paralysies en tenant compte du résultat probable. L'ordre que j'ai suivi indique le degré de gravité, les moins sérieuses sont les premières.

1° Paralysies suites de fièvres graves.
2° — hémiplégiques.
3° — rhumatismales.
4° — paraplégiques.
5° — ataxiques.

6° Paralysies suites de traumatismes.
7° — — d'empoisonnements.

On contestera peut-être le mot paralysie ataxique, je le supprimerai bien volontiers quand on me prouvera que l'ataxie ne se conduit pas exactement comme une vraie paralysie et ne comporte pas un traitement identique.

Toutes les névralgies se trouvent également bien de l'usage de l'électricité. Le phénomène douleur, non inflammatoire, est entre tous utilement combattu par la faradisation. Les névralgies qui occupent une certaine surface sont plus faciles à guérir que celles qui siégent en un point, les superficielles que les profondes.

L'œdème des parties fait prévoir absolument un résultat nul, les muscles et les nerfs sont isolés du courant par les liquides extravasés. L'atrophie est un signe fâcheux, à moins qu'elle ne diminue au début du traitement.

Je ne parlerai pas des contre-indications telles que les maladies du cœur ou du poumon qui contre-indiquent formellement l'usage des eaux. J'en dirai autant de l'état aigu ou de la persistance de la lésion organique, cause déterminante des accidents contre lesquels nous sommes appelés à agir. Il faut des précautions infinies si on se résout à appliquer la faradisation dans ces cas particuliers. Quant à moi, je ferais peut-être baigner et doucher légèrement un hémiplégique de quinze jours, mais certes je ne l'électriserais pas.

L'ancienneté de l'affection n'est pas une contre-indication de l'électricité. En voici un exemple remarquable :

F... sous-officier, 48 ans, lymphatico-sanguin, constitution forte.

Paraplégie datant de 18 *ans*, survenue à la suite de chute de cheval. Bourbonne, 1843, 1844, 1845, 1862, 1863. 12 séances électriques, amélioration.

Dès la deuxième séance, il y avait un mieux très-appréciable dans le maniement d'un pied ; les mouvements se sont ensuite étendus à un plus grand nombre de muscles et ont pris plus d'amplitude.

Ce malade est loin d'être guéri, mais nous n'avons pas la prétention de rendre en douze séances électriques des mouvements complets à des membres inertes depuis dix-huit ans.

EFFETS PRODUITS PAR LA FARADISATION.

L'action de l'électricité doit être connue à l'avance. On peut presque toujours préjuger ses effets. Les bases qui feront poser le pronostic sont les suivantes : La faradisation agira d'autant mieux que l'affection à laquelle elle s'adresse sera ancienne, pas trop cependant, lorsque la sensibilité et la contractibilité électriques seront conservées, quand il n'y aura ni atrophie ni œdème, quand le malade sera jeune, vigoureux, et que l'excitation pourra être impunément portée à un haut degré.

Je ne suis pas, comme M. Duchenne, partisan de ces minces couran s qui produisent une excitation médiocre et des contractions nulles. Je partage complétement l'opinion de M. Becquerel, et comme lui, je recommande des courants vigoureux.

L'excitation pourra être énergique chez les malades peu timorés qui n'ont pas de maladies graves du cœur, du cerveau ou des organes respiratoires, ni de névroses.

L'amélioration est ordinairement annoncée par le *réveil des douleurs* dans les parties malades. Ce signe est très-favorable et manque rarement, il précède le retour partiel ou complet de la sensibilité et du mouvement, j'en citerai un exemple.

J... sergent au 7e de ligne, 40 ans, lymphatique.

Névralgie intercostale datant de dix-huit mois, à gauche, prise au Mexique, après avoir couché sur la terre froide et humide.

17 séances. Amélioration,

A la quatrième séance électrique, la douleur s'exaspère; à la onzième, elle diminue; à la quinzième, elle disparaît complétement, ce qui n'était jamais arrivé encore.

Après dix ou quinze séances, s'il n'y a pas d'amélioration appréciable, on pourra généralement cesser l'application de l'électricité ; elle est impuissante et le sera toujours, sauf de rares exceptions. J'avance ce fait en opposition avec presque tous les médecins électriciens qui prétendent que souvent ce n'est qu'après un très-grand nombre de séances que l'amélioration se manifeste. Dans le cas où la sensibilité et mieux encore la contractilité électriques feraient des progrès, on devrait bien entendu persévérer.

Il n'est pas rare de voir, après quinze ou vingt jours d'un traitement électrique soutenu et bien dirigé, une amélioration marquée et continue s'arrêter net. Il semble que la faradisation a donné tout ce qu'elle pouvait et se déclare incapable de lutter davantage. On doit suspendre les séances dans ce cas particulier et ne les reprendre qu'après quinze jours ou trois semaines de repos. On agira exactement comme pour les médications qui amènent une sorte d'habitude ou de saturation de l'organisme.

D... infirmier, 33 ans, bilioso-nerveux.

Hémiplégie gauche, datant de vingt-six mois. Les mouvements de la jambe et de l'épaule sont difficiles, ceux du coude et de la main nuls. Le bras et surtout la main sont amaigris. L'attaque a été subite à Mexico, il voyait la veille tout en rouge, a perdu connaissance lors de l'accident.

23 séances. Amélioration.

Les premières séances donnent une ou deux heures d'amélioration ; à la première, le bras qui est ordinairement insensible devient légèrement douloureux ; à la onzième, l'amélioration est prononcée, les doigts remuent facilement ; le mieux augmente les jours suivants ; à la dix-huitième, l'amélioration ne fait plus de progrès.

Cette observation peut servir de type, c'est ainsi que se succèdent le plus souvent les phénomènes qui accompagnent l'application de l'électricité.

Les premières séances, ai-je dit, sont en quelque sorte éliminatrices, si elles ne produisent rien, mauvais signe, je préfère constater une aggravation des douleurs qu'aucun résultat.

La rapidité de l'amélioration est quelquefois incroyable, j'ai hésité à reproduire l'observation suivante, tellement j'avais peur d'être taxé d'exagération.

V... grenadier au 22e de ligne, 45 ans.

Hémiplégie droite, datant de dix mois. A l'arrivée la bouche est fortement déviée, le bras est guéri, la jambe fonctionne mal, la cuisse va mieux que la jambe.

13 séances. Amélioration considérable.

Lorsque ce malade s'est présenté à moi, il ne pouvait faire cent mètres sans grande fatigue. Après la cinquième séance électrique, il a fait cinq kilomètres en se promenant.

Il y a eu quatre séances consacrées à l'électrisation de la joue paralysée. Au départ, les plis de la face sont également accusés de l'un et de l'autre côté. Je dirai en passant que dans l'hémiplégie faciale d'origine quelconque, la faradisation est héroïque.

L'électricité développe assez souvent une céphalalgie très-marquée. Il est d'observation que cet accident peut se produire dans des conditions différentes. Elle est par exemple au moins aussi fréquente chez les rhumatisants que chez les hémiplégiques.

La céphalalgie tient à une idiosyncrasie spéciale au malade ainsi que l'épistaxis du reste beaucoup plus rare. Ces deux complications ne contre-indiquent pas absolument l'usage de l'électricité; pas plus que l'excitation cérébrale (agitation, insomnie, etc.), qui se développe quelquefois aussi sous son influence.

DE LA SENSIBILITÉ ET DE LA CONTRACTILITÉ ÉLECTRIQUES.

L'état de la contractilité électrique est indispensable à connaître avant de poser le pronostic. En voici deux exemples frappants :

C... artilleur, 25 ans, lymphatique, constitution forte.

Paralysie légère du bras gauche, suite de contusion à l'épaule. Un arbre est tombé sur cette région il y a dix-huit mois à Mexico. Electricité à Mexico avec demi succès. Il reste aujourd'hui un léger amaigrissement des muscles de l'épaule, et une grande faiblesse dans tout le membre supérieur.

Contractilité électrique presque nulle dans les muscles sur et sous épineux, très-diminuée dans le deltoïde.

44 séances. Amélioration légère.

A la huitième séance électrique, la sensibilité est revenue à l'épaule; à la vingt-unième, les mouvements étaient un peu plus étendus et les douleurs diminuées. A la quarante-quatrième, il n'existe en somme qu'une amélioration légère.

M... fusilier au 21e de li ne, 31 ans, lymphatique, constitution moyenne.

Affaiblissement marqué dans tous les mouvements du bras droit, suite de contusion à l'épaule. Une poutre est tombée dessus il y a cinq ans.

Bourbonne 1865, avec électricité et succès. Electricité à Amiens avec bon résultat.

Contractilité et sensibilité électriques intactes.

10 séances. Amélioration considérable.

Ce malade est convaincu que l'électricité lui a rendu de bien plus grands services que les eaux. Il a été huit jours au bain et à la douche sans venir à mon cabinet et n'a obtenu aucune amélioration. Depuis qu'il a été électrisé, au contraire, le mieux a fait des progrès extrêmement rapides.

Dans les deux observations qui précèdent, la cause est identique. C... porte une lésion en apparence moins grave que celle de M..., les mouvements sont chez lui plus étendus, mais la contractilité est diminuée, et malgré quarante-quatre séances, le résultat est moins satisfaisant que chez son camarade. L'un est mûr pour la faradisation, l'autre ne l'est pas.

Le médecin électricien doit chercher quand même à produire la contractilité électrique. Elle est, dans les paralysies anciennes, généralement diminuée, mais il est rare qu'un courant énergique ne puisse la déterminer. L'intensité du courant doit être basée sur la plus ou moins grande difficulté qu'éprouve le médecin à triompher de l'inertie des muscles ; c'est une sorte de gymnastique électro-musculaire qu'il faut produire.

Au commencement d'une séance, la sensibilité est quelquefois obtuse, la contractilité molle ; les premiers coups de pinceaux ne produisent le plus souvent que de faibles contractions, mais cinq minutes après, ces mêmes fibres si paresseuses d'abord jouissent de tout le ressort dont elles sont capables et donnent sans effort les mouvements les plus étendus.

La moitié des malades qui à l'arrivée supporte un courant maximum, c'est-à-dire la tige graduatrice tirée de huit centimètres, n'en peut plus supporter que quatre après deux séances; plus tard ces mêmes malades subissent désagréablement le minimum même de l'instrument de Loret. Est-il nécessaire de dire que la contractilité progresse en raison directe de cette sensibilité croissante, et quand je dis que la contractilité fait des progrès, j'implique nécessairement cette idée que l'amélioration en est la conséquence forcée.

« La contractilité électro-musculaire se comporte dans la paralysie cérébrale comme dans l'état de santé, » a dit M. Duchenne. Vrai, pour les paralysies cérébrales récentes, cet axiôme est faux pour les paralysies cérébrales anciennes. Dans ces dernières, il est fréquent, une fois sur quatre, de voir la contractilité diminuée ou au moins paresseuse. Immédiatement après une hémorrhagie cérébrale, la contractilité et la sensibilité électriques sont conservées intactes dans les parties atteintes, ce n'est pas douteux, mais lorsque les mouvements tardent à reparaître, le défaut d'exercice entraîne une diminution de la sensibilité puis de la contractilité; bientôt le bras s'amaigrit, quelquefois même la jambe; mais au membre supérieur, à la main principalement, ces phénomènes sont bien mieux accusés. La faradisation, en faisant fonctionner chaque muscle, on emploie un courant énergique, s'il est nécessaire, arrête et fait rétrograder rapidement cette sorte d'atrophie ; peu à peu reviennent dans toute leur intégrité la contractilité et la sensibilité électriques.

Il n'y a pas ici de difficulté sérieuse à vaincre, comme quand l'atrophie a été précédée de lésion des cordons nerveux, section ou contusion, ou de traumatisme du tissu musculaire.

Règle générale, dans l'hémiplégie ancienne, la dose d'électricité qui convient à l'épaule n'est pas suffisante au bras et moins encore à l'avant-bras, au poignet ou à la main. En effet, si la contractilité est parfaite à l'épaule et au bras, elle est souvent diminuée à l'avant-bras et faible à la main. Il faut augmenter l'intensité du courant au fur et à mesure que l'on descend. Tel muscle demande que la tige graduatrice soit tirée de un centimètre, tel autre, plus malade, exige une force trois ou quatre fois plus grande; c'est la contractilité qui dirigera toujours l'intensité de la faradisation. Ce que je cherche, c'est à produire la contraction des muscles engourdis, atrophiés ou non, un courant suffisamment énergique finira presque toujours par triompher de leur inertie.

Quand la sensibilité et la contractilité électriques renaissent, on peut préjuger un mieux prochain et marqué; quand elles sont conservées intactes dans une paralysie quelconque et déjà ancienne, je suis tellement habitué à voir l'amélioration suivre les premières séances électriques, que je suis tenté de croire à la simulation quand ce fait n'arrive pas, c'est-à-dire peut-être une fois sur dix. Je me reproche presque toujours cette idée, et cependant elle a sa raison d'être, car l'intérêt de nombre de soldats, peu enthousiastes de leur métier, est de ne pas guérir, afin de se faire réformer.

Toutes les maladies prolongées des centres, et surtout des cordons nerveux, peuvent produire l'amaigrissement ou l'atrophie des fibres musculaires qui de striées et rouges, deviennent lisses et pâles, et ne peuvent ni s'allonger ni se raccourcir. Cet état s'acquiert par le repos absolu des muscles, et entraîne toujours la diminution de la contractilité électrique ; il comporte une application énergique de la faradisation, chaque faisceau doit subir directement l'influence de l'électricité jusqu'à production d'effet bien accusé.

MARCHE DE L'AMÉLIORATION.

L'amélioration produite par l'électricité se manifeste constamment, ou à peu près, dans l'ordre que la nature suit elle-même quand elle agit avec ses propres ressources. Electrisez par exemple un hémiplégique, le mieux se produira presque toujours d'abord au membre inférieur, ensuite au membre supérieur, et ici encore dans l'ordre habituel ; les mouvements de l'épaule précèderont ceux du bras, le bras lui-même exécutera plus tôt de larges mouvements que l'avant-bras, l'avant-bras que la main.

Comme toutes les médications connues, l'électricité détermine quelquefois l'amélioration, mais surtout elle active et précipite sa marche.

Ce que je viens de dire existe presque toujours

quand la faradisation s'adresse, comme les eaux, également aux membres supérieur et inférieur. Mais si on prend en considération le désir des malades qui, voyant leur bras plus embarrassé, veulent qu'il soit principalement électrisé, on peut déplacer l'ordre de l'amélioration, et mettre assez rapidement les deux membres supérieur et inférieur dans le même état, avec amélioration surtout marquée au bras et à l'avant-bras, je n'ose dire à la main, car là est la plus grande difficulté à vaincre.

Ce résultat produit par l'électricité ne prouve-t-il pas jusqu'à l'évidence son efficacité, car les eaux seules amélioreraient également les membres supérieur et inférieur; de sorte qu'au départ la jambe, comme à l'arrivée, fonctionnerait mieux que le bras.

RÉSULTAT DU TRAITEMENT.

A Bourbonne, avec le traitement mixte électro-minéral, on obtient en moyenne :

1° Névralgie. Paralysie, suite de fièvre grave : cinq améliorations sur six malades.

2° Hémiplégie. Rhumatisme musculaire. Paralysie localisée : trois améliorations sur quatre malades.

3° Ataxie et paraplégie : deux améliorations sur trois malades.

4° Accidents suites de rhumatisme articulaire et de contusions : trois améliorations sur cinq malades,

5° Accidents suites de coups de feu; fractures, luxations, coxalgie, phlegmons : une amélioration sur deux malades.

6° Névroses. Surdité. Crampe des écrivains : une amélioration sur quatre malades.

INDICATIONS SPÉCIALES DE L'ÉLECTRICITÉ.

1° Hémiplégie.

L'électrisation des malades atteints de paralysie, suite de fièvre grave, ne présentant rien de particulier, j'arrive de suite à l'hémiplégie.

Le traitement de l'hémiplégie militaire ne doit pas ressembler à celui que l'on emploie généralement dans la pratique ou les hôpitaux civils ; il comporte moins de précautions. En effet, dans ce dernier cas, on a presque toujours affaire au tempérament pléthorique avec molimen hémorrhagicum précurseur; tandis que l'hémiplégie survient le plus souvent chez les militaires, sans que le tempérament ou la constitution paraissent influer en rien sur le début qui est franchement accidentel.

Après de longues et rudes fatigues, un soldat s'endort où il se trouve et se réveille hémiplégique. Dans une marche forcée, sous un soleil de feu, il tombe hémiplégique. Voici encore une excellente manière de produire l'hémorrhagie cérébrale : Un poste se trouve dans un corps de garde avec le feu que l'on connaît; les hommes sont tous chauffés au rouge, un appel est donné, tout le monde se précipite dans une atmosphère à dix degrés au-dessous de zéro. Effet produit immédiat, et Bourbonne six mois après.

A l'hopital militaire, en 1867, j'ai électrisé vingt-quatre hémiplégiques et j'ai obtenu vingt et une améliorations, dont plusieurs considérables, équivalant presque à la guérison. Ce résultat prodigieux a de quoi étonner les médecins électriciens de tous pays, il est possible à l'hôpital, où ne se trouvent que des hommes jeunes et vigoureux, pouvant supporter un courant intense; de plus, comme je viens de le dire, l'hémorrhagie cérébrale est presque toujours accidentelle, et n'est pas préparée de longue main par une constitution forte et un tempérament sanguin. En ville, je suis loin d'obtenir de semblables résultats. Quand j'améliore deux malades sur trois, je suis bien heureux. Les médecins de Bourbonne commencent à se familiariser avec l'hémiplégie. Il y a vingt ans, c'était avec déplaisir qu'ils recevaient les malades de cette catégorie, sans grand espoir de les améliorer, mais avec grande crainte d'une rechute que l'excitation produite par le bain et la douche pouvait amener d'après eux ; aussi administraient-ils l'un et l'autre avec une prudence infinie.

Les accidents ne survenant pas, on a augmenté progressivement la durée du bain et de la douche, avec une certaine défiance encore cependant. Il y a sept ans, quand je commençai mes recherches sur l'électricité, plusieurs de mes confrères me prévinrent gracieusement que je ne tarderais pas à produire des rechutes, et que, dans un bref délai, j'aurais tué pas mal des imprudents qui se confiaient à mes soins. Je persistai en tremblant, mais je fis pour l'électricité ce qu'on avait déjà fait pour les eaux ; petit à petit je pris courage, je tirai ma tige graduatrice et je vis des résultats excellents récompenser ma témérité.

J'ai déjà électrisé plus de deux cents hémiplégiques ; jamais je n'ai vu d'accident produit ni pendant ni après la séance ; jamais, parmi mes malades, ne s'est présenté une rechute à Bourbonne. Est-ce à dire pour cela qu'on doit se départir de toute prudence? Oh! non. Il existe des règles à suivre, et c'est parce que je ne les oublie pas, que je ne cause jamais d'accident. J'ai déjà indiqué les principales, j'ajouterai ceci : la faradisation, lorsqu'elle s'adresse à des vieillards apoplectiques, sera conduite doucement. La séance sera courte, on débutera par les extrémités et les muscles; les nerfs viendront après. Il est convenable de ne jamais écarter beaucoup les électrodes.

Les personnes pusillanimes ne seront jamais électrisées qu'avec grande précaution, surtout au voisinage du plexus cervical. La contracture des muscles n'est pas une contre-indication absolue de la faradisation, elle ne laisse cependant que peu d'espoir d'amélioration.

Tout homme jeune, de constitution moyenne, de tempérament non exagéré, dont l'hémiplégie date de six mois au moins, de deux ans au plus, d'origine accidentelle plutôt que constitutionnelle, à marche régulière, réalisera très-probablement à Bourbonne une amélioration satisfaisante.

Si l'hémiplégie est complète, employez d'abord le bain. La jambe et le bras tremperont simultanément dans les cuves et y trouveront un courant restreint que vous ouvrirez, quand les membres seront en place, que vous éleverez progressivement en tenant compte de la susceptibilité du malade. Si, après trois ou quatre séances de dix minutes, vous n'obtenez aucun succès, employez le pinceau métallique et l'éponge mouillée.

2° Rhumatisme.

Les rhumatismes, ou plutôt les accidents rhumatismaux envoyés à l'hôpital militaire, sont dus presque toujours aux mêmes causes. Un régiment d'Afrique est obligé de bivaquer en pleins champs, il s'endort sur la terre humide et s'éveille le lendemain avec un certain nombre de ses hommes rhumatisés, qui avec un lumbago, qui avec l'épaule endolorie, etc. Un régiment est envoyé de Toulon, au mois de novembre, en garnison à Givet, par exemple, demandez à son médecin major où en seront, après un mois de résidence, les articulations des prédisposés au rhumatisme.

Non-seulement le rhumatisme est fréquent dans l'armée, mais encore il y est grave. A l'établissement civil, je n'ai jamais vu d'atrophies, de paralysies, de contractures et autres accidents comparables à ce que nous voyons chaque jour à l'hôpital. Pourquoi? Est-ce parce que les soins médicaux ne sont pas suffisants au début ? Non, car les militaires sont partout mieux soignés que ne le sont en général les habitants des villes et surtout des campagnes ; leurs médecins sont exercés et connaissent admirablement les affections que contractent journellement les soldats, et le rhumatisme est de celles-là. Je pense que si les accidents qui m'occupent sont aussi graves chez les militaires, c'est que la cause agit plus longtemps et plus vigoureusement, surtout en campagne, quand, malades ou non, il faut marcher toujours et s'exposer encore au froid et à l'humidité qui ont déjà été si funestes.

J'ai dit que, parmi les accidents produits par le rhumatisme, j'avais trop souvent à constater l'atrophie des muscles malades. Il existe deux espèces d'atrophie :

1° L'atrophie musculaire graisseuse progressive, maladie rare, véritable entité morbide bien au-dessus des ressources de l'art; je n'ai pas à m'en occuper ici;

2° L'atrophie musculaire symptomatique d'une lésion des centres nerveux qui commandent ou des nerfs qui transmettent le mouvement aux muscles, des artères qui nourrissent et réparent chaque jour les éléments des muscles, ou enfin de la fibre musculaire elle-même.

Le rhumatisme musculaire, pour moi, est presque toujours une myosite, produisant l'afflux des liquides et en particulier du sang dans les vaisseaux de tous calibres; puis, quand l'état se prolonge et l'immobilité se continue, une véritable diminution de la partie.

Le plus grand nombre de nos rhumatisés se plaint de faiblesse dans un ou plusieurs muscles, les trois quarts au moins accusent en même temps des douleurs intermittentes ou durables dans les mêmes régions, un huitième présente une certaine atrophie des muscles atteints.

La faradisation agit plus rapidement contre les douleurs que contre la paralysie, cinq ou six séances suffisent pour enlever les plus renforcées, il en faut dix ou quinze pour rendre aux muscles l'élasticité et la souplesse qui leur manque. L'atrophie comporte une très-grande patience chez le médecin et le malade; avec de la persistance, on en vient quelquefois à bout.

3° Paraplégies.

En 1868, j'ai électrisé 21 paraplégiques, j'en ai amélioré dix-sept; résultat extrêmement remarquable et supérieur à tout ce que j'avais obtenu jusque là.

Dans les paraplégies, les considérations qui ont trait à l'âge et à la constitution du malade sont peu importantes, tout le pronostic réside dans l'ancienneté et surtout les causes de la maladie.

Le traitement électrique ne pouvant jamais ici provoquer d'accident sérieux, je n'hésite pas à donner un courant énergique, mais toujours gradué. Je commence par le bain, et simultanément, j'électrise directement la région lombo-dorsale, moyen excellent et que je regrette de n'avoir pas assez utilisé ces dernières années.

Si au bout de quelques séances, je n'obtiens aucun succès appréciable, j'électrise directement les muscles et les nerfs des membres inférieurs avec l'éponge mouillée. Comme je l'ai déjà dit, là où un de ces deux moyens échoue, l'autre réussit souvent; il faut après les avoir essayés tous deux, se prononcer seulement pour celui qui donne les meilleurs résultats.

Quelque moyen que l'on emploie bain ou éponge, dans la paraplégie, comme dans toutes les paralysies, c'est toujours la contraction qu'on doit avoir en vue et chercher, car une contraction artificielle quand elle se produit facilement annonce le prochain retour des mouvements physiologiques.

L'éponge produit une contraction plus profonde et mieux accusée, le bain, une contraction plus superficielle et plus étendue en surface.

Quand il est impossible de triompher de l'engourdissement des extrémités et de l'analgésie qui accompagne cette pénible sensation, le pronostic est fâcheux. Au bout de quatre ou cinq séances, le malade qui vous avait dit à la première qu'il marchait constamment sur du coton, doit sentir le parquet, si à la huitième, il n'y a rien encore, mauvais signe.

En général, il est inutile d'électriser la vessie et l'intestin; l'amélioration des organes internes marche plus rapidement que celle des muscles des membres, le contraire n'est pas rare cependant. Si la vessie est par trop en retard, j'introduis une sonde pleine, métallique, recouverte de gutta-percha dans toute son étendue, excepté à ses deux extrémités. Je fais communiquer le bout externe avec le pôle positif d'une machine affaiblie, et je promène le pôle négatif armé d'une éponge mouillée sur le bas ventre et le périnée. En opérant de la sorte, j'ai produit quelquefois une amélioration instantanée et durable.

Le bain de siége électrisé suffit pour l'intestin paresseux; quoique je ne l'aie pas essayé, je crois qu'un courant directement appliqué sur le rectum produirait un bon résultat.

L'ataxie comporte un traitement exactement semblable à celui des paraplégies ; quant aux applications qui conviennent aux paralysies localisées, elles ne présentent rien de particulier ; j'arrive donc de suite aux névralgies.

Névralgies.

Les névralgies sont les affections que je recherche le plus. Les succès sont si rapides, si éclatants, l'escamotage de la douleur si facile que je ne puis réprimer le plaisir que j'ai à recevoir des névralgiques.

La manière d'employer la faradisation dans les névralgies a été vivement discutée. Magendie et grand nombre de médecins expérimentés ont employé l'électrisation directe, c'est-à-dire le courant électrique immédiatement dirigé sur les nerfs malades. Magendie a même préconisé avec raison l'électro-puncture. D'autre part, Duchenne de Boulogne recommande d'agir *loco dolenti*, c'est vrai, mais avant d'opérer, il dessèche préalablement la peau avec une poudre absorbante afin que ce soit sur elle seule que porte le courant, car, dit-il, si l'excitation électrique pénètre profondément, la névralgie peut s'aggraver au lieu de se calmer.

Becquerel a employé sur une grande échelle la méthode de Duchenne, à peine s'il obtint quelques améliorations, mais de guérisons, aucune. Lui qui avait vu les beaux résultats produits par la méthode de Magendie, il revint bien vite aux procédés du maître, il fit usage de courants directs très-forts et des éponges humides, placées, une à l'extrémité du nerf la plus rapprochée du centre et l'autre à l'extrémité périphérique. En pratiquant de la sorte Becquerel put constater de remarquables succès.

Mon observation personnelle m'a convaincu pleinement de ceci : c'est que les faits observés par Becquerel sont exacts, aussi je n'emploie que la méthode d'électrisation préconisée par Magendie, sauf de rares exceptions. En agissant ainsi j'opère une véritable action substitutive, qui n'est pas sans avantage, puisqu'en 1868, par exemple, j'ai obtenu onze améliorations sur treize cas.

J'ai dit et répété souvent que quinze séances devaient suffir pour juger l'opportunité de la faradisation dans les diverses maladies soumises à ce genre de traitement ; pour les névralgies ce chiffre demande à être baissé, cinq ou six suffisent.

L'électrisation des nerfs névralgiés est toujours désagréable surtout quand on élève l'intensité du courant, ce qui est indispensable pour obtenir un bon résultat. Il faut laisser crier le malade et tirer quand même la tige graduatrice, tout est là. A une douleur sourde et permanente, vous en substituez une vive, mais courte, que vous pouvez toujours arrêter à volonté.

CHAPITRE II

SOURCE MAYNARD.

A un kilomètre N. E. de Bourbonne est exploitée, dans des conditions peu rémunératrices pour son propriétaire, une source sulfatée analogue à celles de Contrexéville et Vittel.

La source Maynard « surgit au niveau de la prairie dans un sol tourbeux recouvrant les argiles marneuses bariolées, situées entre le grès bigarré et le muschelkalk. Elle se trouve ainsi au pied d'un coteau constitué par la formation de marnes irisées qui dans cette localité se trouve abaissée par deux failles au niveau des argiles précitées » Drouot.

Le tableau comparatif suivant, emprunté à M. Bernard, d'analyses faites par M. Ossian Henry expliquera suffisamment les effets obtenus avec l'eau de la fontaine Maynard.

	SOURCE MAYNARD Bourbonne.	GRANDE SOURCE Vittel.	SOURCE DU PAVILLON Contrexéville
Acide carbonique libre.	0,310	1/10	0,019
Oxigène.	»	»	indéterminé.
Bicarbonate de chaux.	0,680	0,185	0,675
— de magnésie.	0,259	0,079	0,220
— de soude.	»		0,197
— de strontiane	»	»	traces.
Sulfate de chaux.	0,925	0,440	1,150
— de magnésie	0,300	0,432	0,190
— de soude	0,050	0,326	0,130
— de strontiane.	traces.	traces.	»
— de potasse	»	»	traces.
Chlorure de sodium et de calcium. . .	0,300	»	»
— de sodium (peu).	»	0,220	»
— de magnesium.	»		0,040
— de sodium et de potassium. .	»	»	0,140
Azotates, traces sensibles, évaluées à. .	0,001	»	»
Principe arsénical.	indic. légers	sensible.	indices.
Iodure alcalin	id.	indices.	Brom. ind.
Silice, alumine	0,100	0,047	0,120
Phosphate terreux.			»
Sel de potasse et d'ammoniaque.	»		»
Matière organisée non évaluée.	ulmine.		»
Oxyde de fer.	0,001	indices.	»
Bicarbonate de fer et de manganèse. .	»	»	0,009
Phosphate de chaux et d'alumine, matière organique et perte.	»	»	0,070
	2,616	1,739	2,941

Le rhumatisme et surtout le rhumatisme goutteux retentit souvent sur les organes de la digestion, les reins et la vessie. Quand l'estomac et l'intestin s'embarrasseront, quand l'urine présentera des sédiments orangés et qu'il se manifestera de temps à autre des douleurs lombaires, il ne faut pas hésiter à aller boire dans l'après-midi un à deux verres d'eau à la fontaine Maynard.

L'endroit où cette source émerge est frais ; aussi ne devra-t-on boire qu'au moment de rentrer en ville, l'eau sera mieux digérée et aucun effet fâcheux ne sera à craindre.

Il est utile souvent d'ajouter une dose plus ou moins forte de sulfate de magnésie dans l'eau prête à être bue. J'engage ordinairement mes malades à verser dans leur verre un paquet de deux à quatre grammes de sel d'Epsom. Si je conseille cette pratique, c'est parce que les eaux sulfatées agissent au moins autant par leur propriété purgative que par leur vertu diurétique ; cette première laissant à désirer ici, je la produis artificiellement.

Il est convenable de revenir lentement de la source, la marche trop rapide amènerait la transpiration et l'eau ingérée doit passer ailleurs que par les glandes sudoripares.

Source de Larivière.

Larivière est un village du canton de Bourbonne, à neuf kilomètres environ de cette ville.

Depuis longues années, les habitants de Larivière et des communes voisines font usage d'une eau ferrugineuse qui émerge au milieu de la vallée, tout près de la source de l'Apance.

Les jeunes filles qui ne se forment pas assez vite, les hommes qui souffrent de la vessie y vont boire et souvent avec succès.

M. Bastien a essayé, il y a quarante ans, d'exploiter l'eau minérale de Larivière, mais il y a vite renoncé. Les principes minéralisateurs constatés par ce chimiste sont des carbonates de fer, de chaux et de magnésie, des sulfates de soude, de chaux et de magnésie.

Cette eau, grâce à sa proximité de Bourbonne, sera peut-être un jour mieux utilisée qu'elle ne l'est aujourd'hui. Plusieurs anciens médecins citent des améliorations remarquables produites par son usage.

M. Therrin entre autres l'a conseillée avec avantage à Antoine Dubois ; cet illustre chirurgien avait peu de temps avant son voyage à Bourbonne subi une opération de lithotritie.

CINQUIÈME PARTIE

PROMENADES ET EXCURSIONS.

RENSEIGNEMENTS.

PROMENADES ET EXCURSIONS.

La ville de Bourbonne possède plusieurs promenades très-agréables. La plus fréquentée est sans contredit le jardin des bains, petit parc supérieurement dessiné et parfaitement entretenu. Vient ensuite la promenade de Montmorency, ancienne propriété de la famille de ce nom, remarquable par son étendue et ses arbres séculaires qui forment au-dessus des allées une voûte ogivale de toute beauté, elle est malheureusement un peu humide et trop éloignée du quartier fréquenté par les baigneurs.

La promenade d'Orfeuil fut plantée en 1770 par un intendant de Champagne qui lui laissa son nom, elle est mal nivelée et par conséquent boueuse. On y trouve installés des tirs, des jeux de toute sorte, les histrions de passage y font le soir un bruit assourdissant.

Outre les promenades que je viens de citer, les baigneurs trouveront aux abords de la ville de charmantes routes et des chemins frais et ombragés qui les conduiront à de jolis villages ou à des lieux de rendez-vous célèbres par les parties qui s'y sont faites et s'y font chaque jour. Je citerai entre autres la fontaine Beauregard dans le bois des Epinets; la place Gauthier dans le bois du Danonce; le bois de la Bannie, très-rapproché de la ville et disposé en promenade.

Les établissements publics qui présentent quelque intérêt sont : l'hôpital militaire, l'église, le château, la salle d'asile, les écoles de garçons et de filles, l'hôpital civil.

L'église dédiée à Notre-Dame en son assomption date de la fin du XIIe siècle, elle est très-insuffisante comme grandeur et architecture. Depuis longtemps déjà on projette une reconstruction, ajournée toujours faute d'argent. Peut-être se décidera-t-on à bâtir dans le quartier bas une chapelle destinée aux étrangers, les infirmes surtout y trouveraient parfaitement leur compte; l'orgue de l'église vient de l'abbaye de Vaux-la-Douce. Quant au clocher, certaines personnes le trouvent remarquable de hardiesse et d'élégance. M. de Talleyrand admirait trois choses à Bourbonne, le clocher, le tambour de ville et le curé M... ; le clocher seul est resté.

Le château actuel a été construit il y a soixante ans par le comte d'Ogny au sud-ouest du castrum des Romains, il a été récemment embelli par M. Tonnet, maire de la ville.

Les excursions qui me semblent offrir le plus d'attrait sont les suivantes.

Morimond, 16 kilomètres.

Cette excursion peut se faire facilement en une demi-journée. Elle est intéressante non-seulement à cause de l'impression que le souvenir de la splendide abbaye de Saint-Bernard laisse dans l'esprit, mais à cause du voyage lui-même. Les coteaux chargés de vignes et de forêts, les vallées et les villages que traverse la route présentent à chaque pas de curieuses perspectives.

Le premier village que l'on rencontre en quittant Bourbonne est Serqueux, dont le nom latin était Sarcophagi, cercueils. Ce lieu était sans doute un cimetière, cependant aucune découverte n'a confirmé cette hypothèse. La population de Serqueux est de 1500 habitants adonnés en grande partie à la culture de la vigne.

Après Serqueux vient Arnoncourt situé au pied de la montagne d'Aigremont, à mi-chemin de Morimond, puis Fresnoy, dont le territoire est traversé par une voie romaine. A l'église existent deux tombes d'anciens seigneurs de la maison de Choiseul : Jehan et Anthoine, morts en 1560.

On peut dîner très-passablement à Fresnoy, à la condition de prévenir l'aubergiste Chouffaut avant de se diriger sur Morimond, distant de deux kilomètres du village.

L'abbaye de Morimond est complétement détruite, il ne subsiste que la porte d'entrée ; sur l'emplacement de l'église a été construite une brasserie.

Le monastère était bâti dans un vallon sauvage à proximité d'un étang qui occupe une superficie d'environ vingt hectares. La chaussée de cette belle pièce d'eau est remarquable. L'abbaye de Morimond, l'une des plus importantes de France, la quatrième fille de Citeaux, fut fondée en 1100 sur les terres d'Odalric d'Aigremont; les seigneurs de Choiseul devinrent les bienfaiteurs de la communauté qui prit une telle extension qu'elle jouissait, au quatorzième siècle, des exorbitants priviléges que voici, je cite Jolibois :

« Laissant de côté les droits simplement honorifiques, les religieux de Morimond avaient sous leur dépendance sept cents maisons, et cette surveillance n'était pas gratuite. Leur domaine foncier ou féodal s'étendait sur plus de cent villages de Champagne et de Lorraine; ils avaient les droits seigneuriaux et la justice de six paroisses; ils étaient décimateurs de plus de quinze; ils avaient une splendide résidence aux Gouttes, tout près du couvent; et des hôtels dans douze villes; quinze fermes entourées de bonnes terres ou de prés; une prairie qui s'étendait de Meuse à Neufchâteau; d'innombrables troupeaux qu'ils pouvaient faire paître dans tout le Bassigny; douze étangs bien empoissonnés; le droit de pêche dans la Moselle et la Meuse jusqu'à Metz et Verdun et dans la Saône jusqu'à Gray; plus de quatre mille cinq cents arpents de bois; des vignes produisant deux cents muids de vin; trois pressoirs banaux et le droit de faire des paisseaux dans les forêts des seigneurs voisins; plus de vingt moulins et trois fours banaux; une mine de fer et deux usines métallurgiques; une scierie; beaucoup de rentes en argent et en nature ; deux charges de sel à prendre à Salins, et le privilége immense de passer avec leurs chevaux, voitures, bestiaux, etc., sans payer aucun droit de péage.

..... Ces enfants de Citeaux, dit l'abbé Dubois, n'avaient cherché que le règne de Dieu et sa justice ; la terre et ses biens leur arrivèrent par surcroît. »

Plusieurs seigneurs de Choiseul voulurent reprendre aux abbés de Morimond quelques-unes des dotations faites par leurs ancêtres, ils eurent toujours lieu de s'en repentir. Foulques, l'un d'eux, fut excommunié pour avoir contesté certains priviléges, et il dut non-seulement ratifier ce qui existait avant lui, mais faire encore des dons nouveaux pour rentrer en grâce. Gallas et les Suédois, pendant les guerres de Lorraine, furent de moins facile composition ; ils dévastèrent l'abbaye qui ne se releva jamais complétement depuis.

Les dépouilles de Morimond ont enrichi une quantité de villes et de villages ; il est fréquent aujourd'hui encore de trouver dans de pauvres maisons des objets d'art curieux qui n'ont pas d'autre origine. La bibliothèque de l'abbaye a été réunie à la bibliothèque publique de Chaumont, les archives ont été transportées à la préfecture. L'orgue, les stalles et les grilles de l'église ornent la cathédrale de Langres.

Il existe plusieurs ouvrages sur Morimond, le plus récent est de l'abbé Dubois, in-8°. Dijon 1851.

Aigremont, 8 kilomètres.

La tradition, très-probablement en défaut, attribue au fameux Maugis, contemporain de Charlemagne, la construction du château d'Aigremont, et place dans ce pays une partie des hauts faits des quatre fils Aymon, neveux de Maugis.

Les barons d'Aigremont étaient au moyen âge de puissants seigneurs ; ils furent remplacés par les Choiseul en 1246, ceux-ci vendirent à leur tour en 1607 la seigneurie aux Luxembourg, dont héritèrent les Montmorency.

Les habitants d'Aigremont, de Larivière et d'Arnoncourt étaient serfs et mainmortables, leur condition était affreuse; la liste de leurs redevances au seigneur est inépuisable.

Les Choiseul étaient constamment en guerre avec leurs voisins, aussi leur château fut-il plus d'une fois pris et brûlé. En dernier lieu, pendant la guerre de

Lorraine, les Chaumontais et les Langrois assiégèrent Aigremont qui avait été vendu à l'ennemi par le marquis de Rosnay. Le 11 janvier 1651, le château fut pris; les paysans des environs que les Lorrains avaient pillé maintes fois se chargèrent de le détruire. La besogne a été bien faite.

La situation d'Aigremont au-dessus de Larivière est extrêmement pittoresque; quant au château, il n'en reste que des vestiges, à l'exception de l'église qui est très-bien conservée et renferme quatre tombes des anciens seigneurs.

Coiffy, 7 kilomètres.

Coiffy est situé à 420 mètres d'altitude sur une montagne dominant la vallée d'Amance. La Ferté et Coiffy se disputent avec raison les deux plus beaux points de vue des environs de Bourbonne. Cependant, à la ferme de Montbéliard et à la plâtrerie de Chagnon, tout près de la ville, les amateurs pourront par un beau temps détailler parfaitement dans le lointain la longue crête des montagnes des Vosges; pour mon compte, je trouve que cette vue vaut presque les deux autres. Quant aux personnes qui voudront jouir du plus étendu coup d'œil qui existe peut-être dans tout le département, elles feront bien de se transporter à Clefmont, à trente-deux kilomètres de Bourbonne. Du château de Clefmont on découvre un nombre infini de villages et toute la vallée de la Haute-Meuse, qui attend toujours son chemin de fer.

Les Romains avaient un important établissement à l'endroit où fut construit au XIIIe siècle le village de Coiffy-le-Haut; Coiffy-le-Bas existait déjà à cette époque. Le castrum des Romains, converti en château féodal, appartint au XIe siècle à la famille de Choiseul, un peu plus tard au comte de Champagne.

Placée sur les frontières de Lorraine et de Bourgogne, cette forteresse fut toujours occupée par une garnison importante aux ordres du roi de France jusqu'en 1635, époque où elle fut démolie.

L'armée de Galas et celle du duc de Weimar ont laissé de sinistres souvenirs dans ce pays, qu'ils saccagèrent plusieurs fois d'une horrible façon. Il existe dans l'église une inscription commémorative du massacre de 1638.

M. A. Bonvallet a publié en 1859, à Nevers, une notice historique sur Coiffy-le-Haut.

Châtillon 11 kilomètres.

Le premier village que l'on rencontre dans la jolie vallée d'Apance, est Villars, petite commune dont l'église est classée parmi les monuments historiques. Ne pas manquer de visiter la crypte et le tombeau de saint Marcellin.

Les reliques du patron de Villars ont la prétention de guérir la migraine; la manière dont elles opèrent est curieuse.

Après avoir traversé le riche village de Fresnes et visité l'église qui possède un tableau remarquable, on arrive vite au but du voyage.

Situé au confluent de l'Apance et de la Saône, Châtillon (castellum) a été au moyen âge un point stratégique important, il reste encore des vestiges du château. A plusieurs époques on a trouvé des médailles et des tombeaux sur le territoire de cette commune.

Les auberges du village sont approvisionnées d'excellent poisson de Saône, et surtout d'anguilles, avec lesquelles on confectionne des matelotes renommées. Pendant que leur déjeuner se préparera, je conseille aux excursionnistes de visiter la propriété de M. Dupont.

Les vrais amateurs d'antiquités ne s'arrêteront pas à Châtillon, ils continueront leur voyage jusqu'à Jonvelle et Corre.

Jonvelle (Jovis villa) a été le chef-lieu d'une baronnie célèbre, les ruines du château couvrent la terre sur une grande étendue.

Corre est pittoresquement située au confluent de la Saône et du Concy. Dans les jardins de MM. Barbey et de Landreville sont conservés précieusement des bas reliefs et plusieurs statues de l'époque Gallo-Romaine. Les amateurs de roses admireront la riche collection de M. Barbey.

Pour plus amples renseignements sur Châtillon, Jonvelle et Corre, je renvoie le lecteur à l'histoire de Jonvelle, par les abbés Coudriet et Châtelet. Besançon 1864, un volume in-8°.

Contrexéville, 34 kilomètres.

Quitter Bourbonne le matin, y rentrer le soir après avoir visité Martigny, Contrexéville et Vittel, constitue une rude journée. La chose se fait quelquefois, mais, toujours péniblement. J'engage les personnes moins pressées à effectuer ce voyage de la manière suivante : Partir de bon matin avec des provisions de bouche, qui seront utilisées vers onze heures à l'ombre du chêne des Partisans ; coucher à Contrexéville. Le lendemain, déjeuner à Vittel et rentrer le même jour à Bourbonne.

La petite ville de Lamarche est située à mi-chemin de Contrexéville, elle a donné le jour au maréchal Victor, duc de Bellune.

Les bois de Martigny comme ceux de Parey-Saint-Ouen, renferment une quantité de *tumuli* : plusieurs ont été fouillés. M. de Saulcy, entre autres amateurs, a fait de la sorte plusieurs découvertes importantes de bijoux anciens ; on cite même parmi ses trouvailles des bracelets qui ont eu l'honneur de parer d'augustes bras.

Le chêne des Partisans mesure treize mètres de circonférence, trente-trois mètres de hauteur et vingt-cinq d'envergure ; il a environ sept cents ans d'existence. Il doit son nom aux rendez-vous que s'y donnaient les partisans Lorrains à l'époque du siége de La Mothe. Ce colosse végétal est l'objet chaque année de fréquents pélerinages dont les traces jonchent la terre sous forme de tessons de bouteilles.

Martigny, Vittel et surtout Contrexéville possèdent des sources d'eaux minérales justement réputées ; mais les goutteux, graveleux et autres clients de Contrexéville, quoiqu'appartenant à la classe riche de la société, ne sont pas d'une nature fort gaie, le séjour s'en ressent.

Il n'existe pas de spectacle plus mélancolique que celui de la buvette et des buveurs à cinq heures du matin.

Vittel a été au commencement de ce siècle le théâtre d'assassinats nombreux commis par des marchands de bestiaux nommés Arnould; cinq membres de cette aimable famille furent exécutés à Epinal en 1805.

Je pourrais ajouter à ces buts d'excursion plusieurs lieux remarquables par les souvenirs qu'ils rappellent, entre autres Vaux-la-Douce, village délicieusement situé dans une gorge profonde ; au XVIIe siècle florissait sur son territoire une abbaye importante. Au nord sur la route de Neufchâteau, à trente kilomètres environ, les ruines de La Mothe, ville détruite en 1645, et au siége de laquelle Turenne fit ses premières armes. Plus loin encore, Soulosse et Grand, stations romaines de premier ordre, bien déchues aujourd'hui de leur ancienne splendeur.

A l'est, pourquoi ne le dirai-je pas, puisque Bâle est à moins de cinq heures de Laferté, la Suisse, ses montagnes et ses lacs. Entre deux saisons, rien de plus recommandable qu'un voyage de cette nature.

Renseignements.

MÉDECINS RÉSIDANTS A BOURBONNE.

MM. Balley père.
Balley fils.
Bezu.
Bougard.
Bouvier.
Causard.
Férat.
Magnin.
Renard.

PHARMACIENS.

MM. Bompard,
Habert.
Vitrey.

LOUEURS DE VOITURES.

MM. Chevallier frères, maîtres de poste.
Collin-Lasalle.
Sylvestre.
Hérard.

LIBRAIRIES ET CABINETS DE LECTURE.

MM. Dufey.
Humbert.
Guillemin, lithographe.

PHOTOGRAPHES.

MM. Bezu.
Rochas.
Massin.

DENTISTE.

Me Charbey.

Les enfants trouveront à Bourbonne d'excellents professeurs capables de les diriger dans leurs études quand celles-ci ne pourront être interrompues; il existe même dans notre ville un établissement d'instruction secondaire.

HÔTELS ET PRINCIPALES MAISONS MEUBLÉES AVEC TABLE D'HÔTE.

Beaurain, table et logement; 8 à 12 fr. par jour.

Lucette Gaillard, table, 5 fr.; chambre, 1 fr. par jour.

Hôtel des Bains, table, 5 fr.; chambre, 1 à 2 fr. par jour.

Labois, table, 5 fr.; chambre, 1 fr. par jour.

Berthe Gaillard, table, 5 fr.; chambre, 1 fr. par jour.

Hôtel du Commerce, table et logement, 5 fr. 50 à 6 fr. par jour.

Bernardin, table et logement, 5 fr. par jour.

Houzelot, table, 3 fr. 50; chambre, 1 fr. à 3 fr. par jour.

Klott, table, 3 fr. 50; chambre, 1 à 2 fr. par jour.

Roulot, table et logement, 4 fr. 50 par jour.

Hôtel du Bœuf-Gras, table et logement, 4 fr. 50 par jour.

Aubert, table et logement, 4 fr. 50 par jour.

Chapelle, table et logement, 4 fr. par jour.

Jouvernaux, table et logement, 2 fr. 50 à 3 fr. par jour.

Billotte-Miot, Quillot, Veuve Mayer, Deslandes, Veuve Jeanniot, Veuve Denys, Carpentier, 2 à 2 fr. 50 par jour.

Principales maisons meublées, offrant des chambres ou des appartements, au prix moyen de 1 à 2 fr. par jour et par personne :

Aubertin, Férat, Miédan, Gavot, Caussidière, Maillard-Finot, Veuve Miédan, Morel, Vernet, Chrétiennot, Finot, Veuve Boulanger, Café Cocus, Egal, Chapelle, Walferdin, Siméant, Légaré, Gauthier, Morlet, Cousin, Detroy, Thonnelier, Gérard, Godard, Péchiné, Jouvernaux, Péquignat, Nicolas, Bourlot, Durup, Denis, Leglaive, Robert, etc., etc.

FIN.

TABLE DES MATIÈRES

PREMIÈRE PARTIE.

BOURBONNE.

DEUXIÈME PARTIE

PROPRIÉTÉS PHYSIQUES-PHYSIOLOGIQUES ET THÉRAPEUTIQUES DES EAUX.

TROISIÈME PARTIE.

THÉRAPEUTIQUE. — MALADIES TRAITÉES.

QUATRIÈME PARTIE.

CURE COMPLÉMENTAIRE A BOURBONNE.

CINQUIÈME PARTIE.

FIN DE LA TABLE.

Chaumont. — Imp. de C. Cavaniol.

www.ingramcontent.com/pod-product-compliance
Lightning Source LLC
LaVergne TN
LVHW011945220826
846092LV00001B/92
* 9 7 8 2 0 1 9 6 4 9 8 3 8 *